알면 더 맛있는, 허브 사전

일러두기

1. 허브 이름은 국립국어원의 외래어 규범 표기를 따르되, 규범 표기가 없을 때는 가장 널리 쓰이는 명칭을 따랐다.
2. 허브의 국문명의 경우 환경부 국립생물자원관과 국립수목원의 국가생물종지식정보시스템에서 학명을 검색하여 참고하였다.
3. 국문명이 별도로 없는 경우 외래어 이름 그대로를 옮겼고, 국문명이 있을 경우에는 외래어 이름과 비교하여 더 익숙하게 알려진 명칭을 우선으로 하되, 본문 내용을 바탕으로 정하였다.

HERB

알면 더 맛있는, 허브 사전

실업지일본사 글
이승원 옮김

BOOKERS

CONTENTS

허브 상식
Knowledge of Herbs

허브는 사람들의 생활에 꼭 필요한 존재로서 고대부터 사용되어 왔다. 인류 역사와 함께 친숙한 허브에 대해 알아보고 더 나아가 일상생활에서도 활용해 보도록 한다.

Peppermint

Garlic

허브의 역사

허브의 유래와 기원

허브는 라틴어로 풀을 뜻하는 '헤르바(herba)'에서 유래했다. 오늘날에는 식용, 음용(허브티), 약용, 미용, 원예, 장식 등 생활 전반에 걸쳐서 폭넓게 사용되어 왔다.

약 1만 년 전부터 재배가 이루어졌을 만큼 역사가 오래되었는데 기원전 3000년 고대 바빌로니아의 점토판에는 열병 등의 질병에 대응하기 위해서 허브를 사용한 기록이 남아 있고, 고대 이집트의 파피루스에는 미용 목적으로 사용하는 방법까지 소개되어 있다. 또 고대 이집트에서는 미라의 방부제로 마저럼(Marjoram), 시나몬, 정향, 아니스 등의 허브와 향신료를 사용했다. 그뿐만 아니라 각각의 허브가 지닌 특성을 살려서 섬유나 염료의 재료로, 그리고 신에게 바치는 종교의식에 향료로도 썼다.

이후 고대 이집트인을 통해서 이용 방법을 익힌 고대 그리스인들은 허브를 더 깊이 연구했다. 그중에서도 의학의 아버지로 불리는 히포크라테스(오른쪽 그림)는 의학 분야에서 처음으로 400종류의 허브 처방을 남겨 후세에 큰 영향을 끼쳤다.

세계 여러 나라에서 사용하게 된 허브

중세 유럽에서는 의사 역할까지 하던 기독교의 수도사들이 수도원 안에 약초밭을 만들고 치료에 이용했는데, 이러한 허브 지식이 유럽 전역을 덮친 페스트로부터 사람들을 구했다고 전해진다. 또한 당시 유럽에는 하수도 설비가 갖추어지지 않았고, 목욕하는 습관도 보편화되지 않았기 때문에 체취를 감출 목적으로 향수처럼 쓰는 방식이 유행했다. 특히 마리 앙투아네트와 나폴레옹이 향수 애호가로 유명했다고 한다.

유럽과 마찬가지로 중국 전통 의학과 인도의 전통 의학 아유르베다 등, 세계 각지에서 오래전부터 허브를 사용했다. 의학이 발전하면서 수요가 감소했으나, 최근 건강과 환경에 관심이 높아지면서 의식도 변화하여 자연의 힘을 활용하는 허브가 다시 재조명되고 있다.

Lavender

허브를 올바르게 활용하는 방법

건강 상태가 걱정된다면 먼저 의사와 상담할 것

허브는 의약품이 아니지만 생리를 유도하는 통경 작용을 해서 임신 중에는 가급적 사용을 중지해야 한다. 또한 개인의 건강 상태에 따라 사용하면 안 되는 사람도 있다. 그러므로 임신, 통원 치료 중이거나 만성질환이나 알레르기 체질인 사람은 사용 전에 의사와 상담한다. 또한 미용이나 향수처럼 피부에 사용하기 전에는 반드시 패치 테스트를 해서 염증이 생기지 않는지 등의 피부 테스트를 거친 뒤에 사용한다.

독성이 있는 허브는 주의해서 사용

허브 중에는 부위에 따라서 독성이 있거나, 종류에 따라서는 식용할 수 없는 것도 있다. 사용하려는 허브를 잘 알아보고 안전이 확인된 부위와 종류를 사용한다.

직접 제조한 허브 제품은 판매 금지

허브나 허브 에센스를 넣어서 수제로 직접 제조한 비누 혹은 화장품을 판매하거나 다른 사람에게 선물하는 행위는 화장품법에 의해 법률로 금지되어 있다. 수제품은 반드시 본인이 직접 사용해야 한다.

허브 정유에 관한 기본 지식

calendula

원액 취급에 주의

정유(essential oil) 원액은 절대로 마시거나 피부에 직접 발라서는 안 된다. 적당한 희석용 오일이나 천연 소금으로 희석했더라도 눈이나 눈 주위, 입술 등의 점막 부분에는 사용하지 않는다. 사용할 때는 먼저 소량씩 상태를 확인하면서 사용량을 조절한다. 이상을 느끼면 곧바로 사용을 중단하고 의사에게 상담한다. 또한 노인이나 유아에게는 통상적인 양보다 적게 사용한다.

감귤계 정유의 광독성

레몬 등의 감귤계 정유에는 피부에 바른 상태에서 자외선을 쬐면 염증을 일으키는 '광독성' 성분이 함유되어 있다. 게다가 기미, 주근깨의 원인이 되기도 하므로 이들 정유를 사용한 직후에는 햇볕을 쬐지 않는다.

정유의 보관과 사용 기간

정유는 자외선이나 온도 변화, 금속의 영향을 받기 쉬운 민감한 물질이다. 따라서 유리로 만든 차광용기에 넣어 직사광선이 닿지 않는 서늘하고 어두운 곳에 보관하고, 사용기한을 반드시 지킨다. 사용 가능 기간 이내여도 외견이나 향기에 이상이 있는 경우에는 사용하지 않는다. 또한 정유 중에는 장기간 연속으로 사용하면 몸에 부담을 주는 것도 있으므로 사용 기간에 충분한 주의를 기울인다.

아이의 손이 닿지 않는 장소에서 보관

Dandelion

정유는 아이의 손이 닿지 않는 곳에 둔다. 또한 몸집이 작은 아이는 면역력이 약해서 정유의 영향을 쉽게 받으므로 3세 이하의 영유아에게는 사용을 절대 금지한다.

Nettle

【주의사항】 허브와 허브 정유의 효과는 사람마다 차이가 있으며, 올바르게 사용하지 않으면 인체에 해를 끼칠 수도 있다. 특성을 올바로 파악한 뒤에 사용한다면 위험하지 않다.

이 책을 보는 방법

활용 방법

각각의 허브를 어떤 용도로 이용할 수 있는지
아이콘으로 표시. 아이콘 보기는 아래와 같다.

 허브티

 요리

 미용 (아로마 요법 등)

 공예 (포푸리, 리스 등)

 약용

각 허브의 사진과 함께 특징 및 기초 지식,
활용법을 간단히 설명한다.

요리
요리에 적합한 허브 활용법,
세계 각지의 요리법, 추천 레시피 등.

허브티
허브티 만드는 방법과 그 밖의 활용법.

일련번호 · 허브 이름 · 주의 사항

03

아니스
ANISE

고대 이집트 사람들이
귀하게 여긴 역사 깊은 허!

▲ 식향제료 씨앗은 '향해(아니시드)'

키는 50cm 정도로 자란다

시고 흰 꽃이
진득 핀다

고대 이집트 시대에 미라의 방부제로도 사용된 아니스는 가장 오래된 허브 가운데 하나다. 고대 그리스 시대에는 모유 분비를 촉진하는 약으로 취급했으며, 딸꾹을 돕는 효과라지 있다고 믿었다.

한편 영국에서는 수도원세서만 재배된 맛에 희소가치가 높아서 거의 수입에 의존했다. 1305년에 에드워드 1세가 관련료를 통과하는 아니스에 특별세를 부과해서 다리 수리비를 조달했다는 이야기는 유명하다.

주로 사용하는 부분은 아니시드(aniseed)라고 하는 열매다. 담콤한 향과 맛을 특징인 아

ABOUT THE DATA

학명 Pimpinella anisum
분류 미나리과 / 한해살이풀
원산지 지중해 동부 연안
식물 높이 약 50~60cm
사용 부위 씨앗, 잎 등
효능 소화 촉진, 기침 억제 등
용도 요리, 미용, 약용, 허브티
성질 따뜻함, 활성화, 진정, 자극 약성 효과 등

네톨(Anethole) 성분을 많이 함유하고 있어서 케이크나 쿠키, 생선과 닭고기 요리에 풍미를 끌어올릴 때 사용한다. 이 밖에 양배를 증류해서 정유로 만드는나 샐러드로 먹기도 한다.

약용으로는 오래전부터 소화제로 귀하게 쓰였고, 고대 로마 시대에는 고기 요리를 먹고 난 뒤 입 냄새를 없애기 위해서 아니스가 들어간 케이크를 자주 먹었다. 현재도 그 단맛을 활용하여 어린이용 의약품에 배합하거나 쓴 약의 코팅제로 사용하는 등 폭넓게 이용되고 있다.

허브티 : 달고 알싸한 맛

고기 요리나 튀김같 짙은 유료 미소한 상쾌(새콤)하고, 기침(딸꾹) 가래를 없애는 데로 차로 입술을 통구로 좋다.

효능
소화 촉진 및 입 냄새 예방은 물론 가래를 제거하는 효과가 있다.

RECIPE
아니시드(갓쯤)은 일을 잠깐 데려서 찻주전자(pot)에 넣고 뜨거운 물을 끓여서 두껑을 덮어 한 5~10분 우린다. 아니시드(갓쯤)은 일의 무게에 찻 재료의 배로 예우면 알싸한 맛의 찻잎조차 된다.

▲ 아니스 에센스로 활용한 년 그리스 술 우조(ouzo)

그 밖의 활용법
티켓의 증유수 리큐르(술)는 예로든 지요에 자용히 자동에 연이 지중해 리큐어에 먹어 음을 붓세면 때 효과 어니스 에센스를 쓴다. 가정에서는 리큐어에 아니스드를 몇 방을 두면 손쉽게 향기를 즐길 수 있다.

요리 : 디저트와 최고의 궁합

아니스에 함께는 공기와 접촉해선 쉽게 변해서 오래지아이지 비로 짧이지나 사라지기 시작되므로 아니스드를 풀게 빠려 보관에 두고 사용할 경우에는 갈아서 쓰는 것이 보 동작기본하 효기는 생으로 볼라서나 수줘에 넣는다. 어스드(살을) 케이크나 쿠키에 별써 빻아고, 빵이나 고기 요리의 소스에 넣어 냈다. 샛맛으로, 새알몬드(에서더)여기가 때여그 효율이 잘별에 아니스드 비슨스에 찻감 걸지 따비시즈(Meju)을 손바에게 대칼낸는 좋습이있다. 아니스를 넣고 케이크나 빵을 구우면 냄새가 달콤해지고, 빵이나 고기 요리소스에 넣으면 맛있다. 바닐라에서너 여기가 때여그 초콜릿 고칼은 아니스드스트에 찻감 걸지 따비시즈(Meju)을 손바에게 대칼낸는 좋습이있다.

아니스를 넣은 과일 케이크나 아니스스쿠키를 함 어들같다.

▶ 내일겸프의 타러스크 미자어기는 문을 날카자이스 리큐어를 따입에 아니스드를 갖 했다.

▲ 아니스드를 무게의 소스로 풍만 우리고기튀김

이용 · 건강

효능(효과)
· 정상 피로, 스트레스 · 구역질 · 두통
· 편두통 · 소화 불량 · 구토 · 기침 · 개려

아로마 요법의 효과
신비 달콤하고 개운지 장에의 각종 증상으로 블랙검이 노게하면 스트레스로 케이어 오일 고칼은 아니스 정유 1방울을 넣어서 해내 무램, 가슴 철렬에 바르면 아니스의 정나 블릴같아인 완화하는 효과가 있다.

◀ 아니스 정유

▼ 아니스 정유

재배 방법 : 재배 난이도 ★★☆☆☆

WEB SIZE	1	2	3	4	5	6	7	8	9	10	11	12

주의점
· 옮거심가하면 착아늘에드로 밤에 직접 씨앗 뿌린다.
· 건조에 약해 채워서이 오일 건조날수록 물이 마르지 않도록 신경 쓴다.
· 아니스가 수풍이 되면 아서술을 수확하고 발리서서 보관한다.

◀ 그리스의 아니스 밭

12

13

허브 기초 지식
이름의 유래나 역사, 활용법 등
각 허브의 기본적인 정보.

허브 데이터
각 허브의 학명, 분류, 국문명, 원산지,
식물 높이, 사용 부위, 용도, 효능.

재배 방법
각 허브의 재배 시기를 알려주는 캘린더와 재배 난이도
(★이 많을수록 키우기 쉽다), 재배할 때의 주의점, 재배
풍경 사진 등.
※ 재배 캘린더는 연평균 기온 14도 내외로 온난한 지역 기준이다.

미용·건강
각 허브의 정유 등을 미용·건강 목적으로 사용할 때
의 효능과 올바른 사용법 등.

※ 이 밖에도【공예】항목은 허브로 만들 수 있는 포푸리나 리스 등의 간단한 제작 방법을,【기타】에서는 그 밖의 활용법을 소개한다.

아티초크
ARTICHOKE

**감자 같은 풍미의
거대한 꽃봉오리**

▲ 아티초크 꽃

◀ 식용하는 꽃봉오리의 단면

국화과에 속하는 키나리 속(Cynara)의 식물로 우리에게는 아직 생소하지만, 유럽에서는 초여름부터 나오기 시작해서 여름 동안 제철을 맞는 대중적인 식재료다. 고대 그리스·로마 시대부터 식용되기는 했으나 15세기에 이탈리아에서 재배하기 시작한 후에야 유럽 전역으로 퍼져나갔다.

사람 키보다 크게 자라나는데 15센티미터나 되는 꽃봉오리와 꽃받침 부분을 먹고, 삶으면 감자나 백합 알뿌리처럼 포근포근한 식감이 난다. 아티초크 잎에 함유된 시나린(Cynarine) 성분에 간 기능을 높이는 작용이 있다고 해서 숙취를 예방하는 허브티로 마시는 한편, 특이한 생김새를 활용한 드라이플라워로 즐기기도 한다.

DATA

학명 *Cynara scolymus*
분류 국화과 / 여러해살이풀
국문명 아티초크
원산지 지중해 연안
식물 높이 1.5~2m
사용 부위 잎, 꽃봉오리, 꽃받침
용도 요리, 티, 공예 등
효능 간 기능 강화, 해독, 소화 촉진, 콜레스테롤 수치 개선, 이뇨 작용 등

🌱 다양한 양식과 매치

요리

먹는 부위인 꽃받침과 꽃봉오리의 심은 10~15분 정도 삶아서 파스타나 소테(Sauté), 샐러드 등 다양한 요리에 사용한다. 레몬수에 담가서 손질하면 변색을 방지할 수 있다. 단, 국화과 식물에 알레르기가 있는 사람은 사용을 피한다.

▲ 아티초크 파스타

재배 방법

재배 난이도 : ★★★☆☆

· 1년 내내 해가 잘 드는 곳에서 키운다.
· 여름에는 과습에 주의하고 겨울에는 서리에 대비한다.

	1	2	3	4	5	6	7	8	9	10	11	12
씨앗 심기			▬	▬								
개화기						▬	▬	▬				
수확								▬	▬	▬		

신선초
ASHITABA

**영양가가 높아서
건강식품으로 주목받는 채소**

▲ 신선초 꽃

▲ 신선초 잎

상쾌한 향과 은은한 쓴맛이 특징인 신선초는 미나릿과의 야생초로 일본이 원산지다. 하치조섬이나 이즈 제도와 같은 온난한 지역에 자생하며 오래전부터 식용해 왔다. "오늘 잎을 따도 내일이면 새잎이 나온다"라고 묘사될 만큼 생명력이 매우 강한 식물로 알려져서, 일본에서는 내일의 잎이라는 의미로 명일엽(아시타바)이라 하고, 우리나라에서는 '하늘이 준 유용한 식물' 뜻으로 신선초라 불린다.

녹황색 채소로서 비타민과 미네랄, 식이섬유가 풍부하여 건강식품으로 인기가 있으며, 생산량 가운데 약 90%가 녹즙이나 건강보조식품용으로 가공된다. 줄기를 잘랐을 때 나오는 노란색 액체에는 폴리페놀의 일종인 칼콘(Chalcone)이 함유되어 있는데, 강력한 항균 작용으로 체내의 노폐물을 배출하여 다이어트 효과가 기대된다. 에도 시대의 본초학자 가이바라 에키켄이 쓴 《대화본초》에 자양 강장에 좋은 약초로 소개되었다.

2월 하순부터 5월까지 제철이며 3월에 가장 많이 출하된다. 특유의 향이 있으니 소금물에 삶은 뒤에 무치거나 볶아서 조리한다. 이즈오섬에서는 동백기름에 튀겨낸 튀김이 명물 요리로 알려졌다. 시장에 유통되는 신선초의 약 9할이 도쿄도에서 생산된다.

DATA
학명 *Angelica Keiskei*
분류 미나릿과 / 여러해살이풀
국문명 신선초
원산지 일본
식물 높이 50~120cm
사용 부위 잎, 줄기
용도 요리
효능 항산화 작용, 혈행 촉진, 고혈압 예방, 변비 해소, 노화 방지, 피부 미용, 항균 작용 등

요리   쓴맛을 줄이는 조리 방법

쓴맛이나 향이 거슬릴 때는 끓는 물에 소금을 넣고 살짝 데치면 된다. 굵은 줄기와 잎은 익는 시간이 다르므로 나눠서 삶거나, 줄기를 먼저 끓는 물에 1분 정도 담근 다음 잎을 뜨거운 물에 재빨리 데쳐낸다.

▼ 신선초를 넣은 녹즙

기름과 찰떡궁합

기름에 조리하면 신선초의 쓴맛 성분을 기름이 코팅해준다. 그래서 신선초의 쓴맛과 거북한 냄새가 줄어들고 풍미가 상쾌하게 느껴져서 먹기 편해진다. 튀김이나 기름에 볶는 요리를 추천한다.

▶ 녹즙과 돼지고깃국

단백질 식재료와 잘 어우러진다

단백질과도 궁합이 좋아서 쓴맛을 줄일 수 있다. 고기나 달걀, 참치, 잔멸치, 두부 등을 넣어 요리해 보자.

영양을 통째로 섭취

물에 잘 녹는 신선초의 영양분을 충분히 섭취하려면 두유와 바나나에 생 신선초를 넣은 스무디도 괜찮다.

재배 방법   재배 난이도 : ★★★★☆

	1	2	3	4	5	6	7	8	9	10	11	12
모종 심기			▬	▬	▬							
개화기								▬	▬			
수확	▬	▬	▬	▬	▬	▬	▬	▬	▬	▬	▬	▬

주의점

· 햇볕, 배수, 통풍이 좋은 곳에서 재배한다.
  키가 30cm 정도로 자라면 수확한다.
· 2년째부터 수확한다.

아니스
ANISE

고대 이집트 사람들이
귀하게 여긴 역사 깊은 허브

▲ 씨앗처럼 보이는 열매(아니시드)

◀ 키는 50cm 정도로 자란다

▶ 작고 흰 꽃이
잔뜩 핀다

고대 이집트 시대에 미라의 방부제로도 사용된 아니스는 가장 오래된 허브 가운데 하나다. 고대 그리스 시대에는 모유 분비를 촉진하는 약초로 취급했으며, 마귀를 쫓는 효과까지 있다고 믿었다.

한편 영국에서는 수도원에서만 재배된 탓에 희소가치가 높아서 거의 수입에 의존했다. 1305년에 에드워드 1세가 런던교를 통과하는 아니스에 특별세를 부과하여 다리 수리비를 조달했다는 이야기는 유명하다.

주로 사용하는 부분은 아니시드(aniseed)라고 하는 열매다. 달콤한 향과 맛을 특징인 아네톨(Anethole) 성분을 많이 함유하고 있어서 케이크나 쿠키, 생선과 닭고기 요리에 풍미를 끌어올릴 때 사용한다. 이 밖에 열매를 증류하여 정유로 만들거나 생잎을 샐러드로 먹기도 한다.

약용으로는 오래전부터 소화제로 귀하게 쓰였고, 고대 로마 시대에는 고기 요리를 먹고 난 뒤 입 냄새를 없애기 위해서 아니스가 들어간 케이크를 자주 먹었다. 현재도 그 단맛을 활용하여 어린이용 의약품에 배합하거나 쓴 약의 코팅제로 사용하는 등 폭넓게 이용되고 있다.

DATA
학명 Pimpinella anisum
분류 미나릿과 / 한해살이풀
국문명 아니스
원산지 지중해 동부 연안
식물 높이 30~50cm
사용 부위 열매, 잎, 꽃
용도 요리, 티, 미용, 약용, 공예 등
효능 소화 촉진, 이뇨 작용, 냄새 제거, 방부, 통경 작용, 정장 작용, 항염증, 갱년기 증상 완화 등

❖ 허브티 달고 알싸한 맛

고기 요리나 튀김을 먹은 뒤에 마시면 산뜻해진다. 기침이나 가래
에는 아니스 차로 입속을 헹구면 좋다.

🧴 효능

소화 촉진 및 입 냄새 예방은 물론 가래를 제거하는 효과가 있다.

◀ 아니스 에센스로
향을 낸 그리스 술
우조(ouzo)

> **RECIPE**
> 아니스드(2작은술)를 으깨서 찻주전자에 넣고 뜨거운 물을
> 부어 뚜껑을 덮은 뒤 5〜10분 우린다.
> 아니스드(1/2작은술)를 우유에 넣고 따뜻하게 데우면 알싸한
> 맛의 핫밀크가 된다.

❖ 그 밖의 활용법

터키의 증류주 라키(raki)를 비롯한 지중해 연안
지방의 리큐어에 맛과 향을 부여할 때 흔히 아
니스 에센스를 쓴다. 가정에서는 리큐어에 아니
스드를 담가 두면 손쉽게 향기를 즐길 수 있다.

※ 임신 중에는 음용을 피한다.

❖ 요리 디저트와 최고의 궁합!

아니스의 향미는 공기와 접촉하면 쉽게 변해서 으깨자마자 바로 풍미가 사라지기
시작하므로, 아니스드를 통째로 보관해 두고 사용할 만큼만 갈아서 쓰는 것이 보
통이다(잎과 줄기는 생으로 샐러드나 수프에 넣는다).
　아니스드를 넣고 케이크나 빵을 구우면 냄새가 달콤해지고, 잼이나 고기 요리용
소스에 섞어 넣어도 맛있다. 네덜란드에서는 아기가 태어나면 초콜릿 코팅한 아니
스드를 비스킷에 올린 과자 마위셔스(Muisjes)를 손님에게 대접하는 풍습이 있다.
　아니스드를 넣고 케이크나 빵을 구우면 냄새가 달콤해지고, 잼이나 고기 요리용
소스에 섞어 넣어도 맛있다. 네덜란드에서는 아기가 태어나면 초콜릿 코팅한 아니
스드를 비스킷에 올린 과자 마위셔스(Muisjes)를 손님에게 대접하는 풍습이 있다.

▲ 아니스드와 무화과 소스를
뿌린 오리고기구이

◀ 아니스드를 넣은 과일 케이크는
크리스마스에도 잘 어울린다.

◀ 네덜란드의 마위셔스. 여자아기는 분홍,
남자아기는 파란색 아니스드를 얹는다.

❖ 미용 · 건강

　　　　　　　　　▼ 아니스 정유

🧴 효능(정유)

· 정신 피로, 스트레스 · 구역질 · 두통
· 현기증 · 소화 불량 · 구충 · 기침, 가래 등

❖ 여성 호르몬 균형에 효과

생리 불순이나 갱년기 장애의 각종 증상으로 불쾌감이 느껴질
때는 희석용 캐리어 오일 2큰술과 아니스 정유 1방울을 섞어서
목과 어깨, 가슴 등에 바르면 아니스의 향기로 인해 불쾌감이
줄어드는 효과를 기대할 수 있다.

※ 효력이 강력하므로 영유아, 임부, 민감성 피부, 자궁질환이 있는 사람은
　사용을 피한다.

❖ 재배 방법 재배 난이도 : ★★☆☆☆

	1	2	3	4	5	6	7	8	9	10	11	12
씨앗 심기												
개화기												
수확												

🌿 주의점

· 옮겨심기에 취약하므로 밭에 직
접 씨를 뿌린다.
· 3월 이후 성장기에는 물이 마르
지 않도록 신경 쓴다.
· 열매는 갈색이 되고 나서 이삭째
수확하고 말려서 보관한다.

▶ 그리스의 아니스 밭

알로에 베라
ALOE VERA

미용 성분을 듬뿍 함유한
이용 가치 높은 약초

▶ 알로에 베라 잎

옛날부터 "의사가 필요없다"라고 일컬을 만큼 귀하게 여겨져 온 알로에는 우리에게도 친숙한 허브 가운데 하나다. 잎이 두툼한 다육식물로 약 400종류(여러 설이 있음)가 분포하고 있다. 그중에서도 식용 및 미용 분야에서 오랫동안 유용하게 쓰인 대표적인 품종이 알로에 베라다. 잎이 포개지듯 지면 가까이에서 자라는 것이 특징이며, '베라(Vera)'는 라틴어로 진실 또는 진짜라는 의미를 담고 있다.

고대 이집트의 문헌에도 기록이 남아 있을 만큼 기원전부터 귀한 약으로 쓰였다. 클레오파트라는 알로에 베라 즙을 전신에 발라서 그 미모를 유지했다고 한다. 또한 알렉산더 대왕은 고대 그리스의 철학자 아리스토텔레스의 조언에 따라, 병사의 상처 치료와 건강 유지를 위해 알로에 베라를 재배하여 원정길에 가지고 갔다고 전해진다.

비타민, 미네랄, 아미노산, 효소를 비롯하여 알로에 특유의 성분까지 무려 200종류에 달하는 성분을 함유하고 있다. 쓴맛이 적고 도톰해서 먹기도 하는 잎살은 피부 미용 효과와 보습 효과, 염증 억제 효과가 있어서 다양한 화장품에 배합되고 있다.

DATA
학명 Aloe vera
분류 아스포델루스아과 / 다육식물
국문명 알로에 베라
원산지 북아프리카, 아라비아반도,
　　　　지중해 연안
식물 높이 60cm~1m
사용 부위 잎(잎살)
용도 요리, 미용, 약용 등
효능 변비 개선, 정장 작용, 피부
　　　미용, 항염증 작용 등

🍴 요리 먹기 좋게 시럽이나 꿀을 첨가

투명한 젤리 모양의 잎살 부분을 먹는다. 잎에서 껍질을 벗겨낸 잎살을 뜨거운 물에 살짝 데쳐서 먹기 좋은 크기로 잘라 생선회나 샐러드에 곁들여 먹으면 좋다. 설탕과 레몬즙으로 만든 시럽에 조려서 요구르트에 넣으면 디저트가 된다.

▲ 알로에 베라 잎살을 요구르트에 넣어 디저트로 먹는다.

🌿 음료로도 제격

무색투명한 증류주나 소주에 알로에 베라 생잎, 레몬즙, 설탕을 넣고 서늘하고 어두운 곳에 1~2개월 두면 알로에 베라 술이 된다. 또한 알로에 베라의 잎살, 물, 꿀을 믹서로 갈고 입맛에 따라 우유, 채소, 과일 등을 넣으면 맛있는 알로에 베라 주스가 완성된다.

▲ 알로에 베라 잎

※ 임신·수유·생리 중인 사람, 치질, 신장 장애가 있는 사람은 음용을 피한다.

▲ 알로에 베라 잎살을 넣은 비누와 크림

미용 · 건강 피부 트러블 및 혈행 개선

※ 반드시 패치 테스트를 한다.

🌿 효능(정유)
· 아토피 · 피부 건조 · 거친 피부 · 소화 불량 · 화상 · 변비 등

🌿 화장수
알로에 베라 잎살과 알코올을 믹서로 갈고 글리세린을 첨가하여 소독한 용기에 담아 보관한다.

🌿 비누
가시를 제거하고 믹서로 간 알로에 베라 잎이나 말린 잎 분말 등을 넣어 만든 수제 비누는 피부 미용 효과가 뛰어나다.

🌿 피부 트러블 치료
생잎을 짜낸 즙이나 잘게 다진 잎을 환부에 바르면 화상이나 찰과상, 햇볕에 그을리거나 벌레 물려 화끈거리는 증상을 가라앉혀 준다.

🌿 입욕제
잘게 다진 알로에 베라 생잎이나 말린 잎을 면 주머니에 담아서 뜨거운 물에 넣고 목욕한다. 알로에 베라의 잎살에 함유된 보습 성분이 피부를 촉촉하게 만들어 피부가 매끄러워진다. 항염증 작용이 있어서 땀띠와 같이 몸에 생긴 습진이나 염증을 완화하는 효과를 기대할 수 있다.

▲ 알로에 진액은 작은 병에 담아서 보관한다.

🌿 재배 방법 재배 난이도 : ★★★☆☆

	1 2 3 4 5 6 7 8 9 10 11 12
모종 심기	
개화기	
수확	

▶ 스페인령 카나리아제도의 알로에 베라 밭

🌿 주의점
· 추위에 약하므로 화분에 심는다.
· 겨울에는 실내에 들여놓는다.
· 양지바르고 물 빠짐이 좋은 장소를 선호한다.
· 2년에 한 번 옮겨 심는다.

장미 허브
AROMATICUS

상쾌한 향이 기분 좋은
먹을 수 있는 다육식물

▶ 탱글탱글한 잎이 특징

다육식물과 허브 양쪽으로 분류되는 플렉트란투스속 식물이다. 민트처럼 상쾌한 향이 나며 잎은 도톰하고 감촉은 벨벳 같다. 허브티 외에도 탄산음료나 술에 향을 낼 때 넣기도 하고, 생으로 샐러드에 넣으면 아이스플랜트 같은 아삭한 식감과 산뜻한 향을 맛볼 수 있다.
　초보자도 키우기 쉽지만 도톰한 잎에 수분을 저장하므로 물은 적게 주면 좋다. 여름철에 잎이 너무 무성해지면 물러서 시들기 때문에 가지치기 겸해서 수확하면 건강하게 자란다. 수확한 잎은 물꽂이하거나, 바람이 잘 통하는 곳에 매달아 포푸리나 방향제처럼 써도 된다.

DATA

학명 *Plectranthus amboinicus*
분류 꿀풀과 / 여러해살이풀
국문명 장미 허브(우리나라에서는
　　　식용보다 주로 관상용으로
　　　사용)
원산지 인도, 남아프리카
식물 높이 20~30cm
사용 부위 잎
용도 요리, 티, 미용, 약용 등
효능 화상, 공기 청정 효과 등

✿✿ 공예

🌿 **실내 냄새 제거**

수확한 잎은 방향제 대신 사용할 수 있다. 꽃병이나 접시에 담아 화장실, 쓰레기통 근처 등 냄새가 신경 쓰이는 곳에 두면 된다.

▲ 인테리어 효과도 만점

✿✿ 재배 방법 　재배 난이도 : ★★★★☆

· 흙 표면이 마르면 물을 준다.
· 겨울에는 최저 5~10℃ 이상
　인 장소에서 키운다.

	1	2	3	4	5	6	7	8	9	10	11	12
모종 심기												
개화기												
수확												

안젤리카
ANGELICA

불안과 긴장을 완화하는
'천사의 허브'

▲ 녹황색 우산 모양의
꽃이 핀다.

◀ ▼ 안젤리카 잎과 줄기

'안젤리카(Angelica)'는 천사를 뜻하는 라틴어에서 유래했으며 미카엘 대천사의 축일 즈음에 꽃이 펴서 붙여진 이름이다. 미카엘은 악과 싸우는 수호천사이고, 안젤리카의 향기에는 악마를 물리치고 병을 고치는 힘이 깃들었다고 믿었기 때문에 유럽에서는 매우 중요한 허브 가운데 하나였다.

뿌리와 줄기로 만드는 허브티와 정유는 갱년기 증상이나 월경전증후군(PMS) 등의 여성 관련 질환에 효과가 있다고 알려졌다. 냉한 체질에도 효과적이어서 일본에서는 '여성을 위한 인삼'이라고도 칭한다. 강렬한 향기는 향수뿐만 아니라 술이나 요리의 향미제로 쓰이며, 설탕에 절인 줄기는 케이크 장식으로 이용된다.

╟ 허브티 ╢

감귤에 동양적인 느낌의 향이 섞인 독특한 향기가 난다. 향이 진한 허브와 섞으면 좋다.

🧪 효능

불안이나 긴장, 침울할 때 마시면 마음을 진정시키고 스트레스를 완화하는 효과가 있다.

※ 단, 임신중에는 마시지않는다.

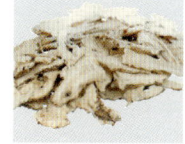

▲ 말린 뿌리는
허브티로 활용

╟ 재배 방법 ╢ 재배 난이도 : ★★★☆☆

- 냉량형 식물이어서 반음지를 좋아한다. 여름에는 특히 주의한다.
- 내한성이 있다.

	1	2	3	4	5	6	7	8	9	10	11	12
씨앗 심기												
개화기												
수확												

DATA

학명 Angelica archangelica
분류 미나릿과 / 두해~여러해
살이풀
국문명 안젤리카
원산지 북/남유럽, 서아시아
식물 높이 1~2m
사용 부위 잎, 꽃, 줄기, 뿌리, 씨앗
용도 요리, 티, 미용, 약용, 공예등
효능 피로 해소, 자율 신경 조절,
이뇨 작용, 대사 촉진 등

달맞이꽃
EVENING PRIMROSE

**특히 여성에게 효과적인
'왕의 만병통치약'**

▲ 잘 여문 씨앗에서
  기름을 채취하여 종자유로 만든다.

▶ 꽃은 저녁에 피기 시작해서
  아침에는 오므라진다.

북아메리카가 원산지인 생명력 강한 식물로 노지나 황무지 등 가리지 않고 왕성하게 번식한다. 옛날 사람들은 통째로 짓이겨서 피부에 발라 상처나 피부염을 치료했다. 17세기 이후에 유럽으로 전파되면서 그 약효를 인정받은 달맞이꽃은 '왕의 만병통치약'으로 귀하게 여겨졌다.

잎과 줄기, 뿌리를 말려서 간편하게 허브티로 마실 수 있다. 그리고 씨앗에서 채취하는 달맞이꽃 종자유에는 필수지방산의 하나인 감마리놀렌산(Gamma Linolenic acid)이 함유되어 있는데, 월경전증후군(PMS)이나 갱년기 증상을 개선하고 혈압을 낮추는 효과가 있다 하여, 과거에는 민간요법으로 활용되기도 했다.

DATA

학명 Oenothera biennis
분류 바늘꽃과 · 두해살이풀
국문명 달맞이꽃
원산지 북아메리카
식물 높이 30cm~1m 50cm
사용 부위 잎, 꽃, 뿌리, 씨앗
용도 요리, 미용, 약용 등
효능 피부 미용, PMS · 갱년기 증상
완화, 콜레스테롤 수치 개선,
혈압 상승 억제 등

미용 · 건강

✿ 마사지 오일
씨앗에서 채취한 기름을 피부에 발라 마사지하면 효과가 좋다. 다만 향이 강하고 약간의 점성이 있으므로, 다른 기름에 5~20% 정도의 비율로 섞어서 사용하는 것을 권장한다.

▶ 달맞이꽃 종자유

재배 방법   재배 난이도 : ★★★★★

· 해가 잘 들고 물 빠짐이 좋은
  장소에서 키운다.
· 시든 꽃은 빨리 따주면 꽃을
  오래 볼 수 있다.

	1	2	3	4	5	6	7	8	9	10	11	12
씨앗 심기												
개화기												
수확												

일랑일랑
YLANG-YLANG

**산뜻하면서 풍부한 향을
풍기는 '꽃 중의 꽃'**

▶ 끝이 둥글게 말린
꽃잎이 특징

▲ 마다가스카르의
일랑일랑 밭

타갈로그어로 '야생'을 뜻하는 일랑일랑은 노란색, 분홍색 연보라색의 아름다운 꽃이 가지에서 늘어지듯 핀다.

특히 꽃에서 감도는 달콤하고 진한 향기는 바람을 타고 멀리에서도 맡을 수 있을 만큼 강렬해서 '퍼퓸 트리'라는 별명이 있을 정도다. 그래서 주로 고급 향수의 원료로 사용되며, 그중에서도 노란색 꽃을 증류한 정유는 품질과 향기 모두 가장 우수하다고 평가받는다.

오래전부터 일랑일랑의 이국적인 향기에 최음 효과가 있다고 알려져서, 인도네시아에서는 갓 결혼식을 올린 신혼부부의 침대에 일랑일랑 꽃잎을 뿌리는 관습이 이어지고 있다고 한다.

미용 · 건강

🌿 효능(정유)
- 스트레스 · 불임 · 숱이 적은 머리
- 건조한 피부 등

🌿 모발 관리
오래전부터 모발 손질에 일랑일랑의 정유를 사용해왔다. 모발 성장을 촉진하는 작용도 있어서 샴푸 등의 모발 관리 제품이나 향수에 배합하는 것도 좋다.

※ 정유가 독한 편이어서 과하게 사용하면 두통이 생기거나 속이 울렁거릴 수 있다.

▲ 일랑일랑 정유

DATA
학명 *Cananga odorata*
분류 번려지과 / 늘푸른큰키나무
국문명 일랑일랑
원산지 동남아시아
식물 높이 5~15m
사용 부위 잎, 꽃, 줄기
용도 미용, 약용 등
효능 향우울, 진정 작용, 최음 효과, 혈압 강하, 항염증, 정신 고양, 호르몬 활성 등

재배 방법
재배 난이도 : ☆☆☆☆☆

가정에서 재배하기에 적합하지 않다.

에키네시아
ECHINACEA

아름다운 모습에 눈까지 즐거운
'인디언 허브'

▼ 말린 꽃

▶ 적자색 외에 흰색이나 노란색
원예품종도 있다.

가운데가 볼록 튀어나온 개성 있는 꽃 모양과 아름다운 적자색이 눈에 띄는 국화과 식물
이다. 옛날 아메리카 원주민들이 해독 및 염증 치료에 이용해서 식민지 개척자들은 '인디
언 허브'라고 불렀다. 주요 효능으로 면역력을 높이고 바이러스나 세균의 침입을 예방하
는 효과를 기대할 수 있어서 유럽과 미국에서는 건강기능식품 등으로 섭취한다.

　보통은 말린 전초를 빻아서 허브티로 마시지만, 약효 성분이 가장 많이 함유된 뿌리를
끓인 물로 입안을 헹궈주면 목의 통증을 가라앉히는 효과가 있다. 또한 여름부터 가을까
지 피는 꽃은 원예나 공예로 활용할 수 있다.

DATA

학명 *Echinacea purpurea*
분류 국화과 / 여러해살이풀
국문명 자주천인국
원산지 아메리카 북부
식물 높이 60cm~1m
사용 부위 잎, 꽃, 뿌리
용도 티, 약용, 공예 등
효능 면역력 향상, 항염증, 항바
　　 이러스, 발한 작용, 항알레
　　 르기 등

허브티

은은한 풀냄새와 순한 맛. 다른
허브티와 조합해서 마시는 것
도 좋다.

효능

목의 염증을 가라앉히고, 감기나 독감 예방,
꽃가루 알레르기와 같은 각종 알레르기 증상
에도 효과가 있다.

▶ 에키네시아 차

재배 방법　재배 난이도 : ★★★☆☆

• 반나절 이상 해가 드는 곳에
　서 키운다.
• 겨울에는 부엽토 따위를 덮
　어서 얼지 않도록 한다.

	1	2	3	4	5	6	7	8	9	10	11	12
씨앗 심기												
개화기												
수확												

들깨
PERILLA

**일본의 기원전부터
자생한 전통 작물**

▲ 들깨 꽃

▶ 들깻잎

우리나라에서도 식재료로 친숙한 들깨는 엽(차조기)과 같이 들깨속으로 분류된다. 일본에서는 소엽에 가려진 경향이 있지만 일본의 신석기 시대인 조몬 시대 유적에서 들깨 씨앗이 발견되는 등 일본에서 가장 오래된 기름 작물로 추정되고 있다.

 과거 참깨가 비싸 일반인들은 구할 수 없던 시기에 참깨 대용품으로 들깨가 사용되었다. 헤이안 시대(794~1185)부터는 씨앗에서 짠 들기름을 공예품 도장용으로 썼으나, 에도 시대(1603~1868)에는 유채씨기름이 널리 퍼지면서 들깨를 생산하는 농가가 줄어들었다. 최근에는 현대인에게 부족하기 쉬운 알파리놀렌산(Alpha Linolenic acid)을 풍부하게 함유하고 있다고 해서 다시 활용도가 높아졌다. 알레르기 질환이나 생활습관병의 예방 효과를 기대할 수 있다.

요리 ※ 씨앗과 잎 모두 활용

들깨는 가루로 만들어 나물이나 떡, 쿠키 등 다양한 요리에 사용할 수 있다. 씨앗에서 짠 들기름은 식용유로 쓰인다. 잎은 간장이나 된장에 절여 먹고, 김치로도 만들어 먹는다.

▲ 깻잎김치

재배 방법 재배 난이도 : ★★★★☆

- 3~5마디 정도까지 원줄기가 자라면 순지르기한다.
- 쇼엽과 교잡되므로 구분해서 키운다.

	1	2	3	4	5	6	7	8	9	10	11	12
씨앗 심기												
개화기												
수확												

DATA

학명 *Perilla frutescens*
분류 꿀풀과 / 한해살이풀
국문명 들깨
원산지 인도, 중국
식물 높이 50cm~1m50cm
사용 부위 잎, 줄기, 씨앗
용도 요리
효능 동맥경화·뇌경색·치매·알레르기 질환·생활습관병 예방, 피부 미용, 한산화 작용 등

목향
ELECAMPANE

호흡기계 증상에
효과적인 약초

▲ 목향 꽃

키가 2미터 이상 크게 자라는 국화과의 여러해살이풀로, 해바라기처럼 노란 꽃이 핀다. 고대 켈트에서는 신성한 허브로 사용했으며, 고대 그리스와 로마에서는 약이나 식용으로 이용되었다. 학명의 '헬레니움(Helenium)은' 그리스 신화에 등장하는 여인 헬레네에서 유래했다.

　특유의 달콤한 향과 쓴맛이 나는 뿌리를 말리면 토목향(土木香)이라는 생약으로 쓰인다. 기침이나 기관지염에 효과가 있고, 소화 촉진 및 이뇨 작용도 기대할 수 있다. 또한 수많은 예술가로부터 사랑받은 리큐어 압생트(Absinthe)의 원료로도 사용된다. 향이 거의 없어서 허브티로 만들 때는 꿀을 첨가하거나 다른 허브와 혼합하면 좋다.

DATA

학명 *Inula helenium*
분류 국화과 / 여러해살이풀
국문명 목향
원산지 유럽~아시아 북부
식물 높이 80cm~3m
사용 부위 잎, 꽃, 줄기, 뿌리
용도 티, 약용, 공예·등
효능 호흡기 기능 개선, 거담, 타박상, 소화 촉진, 방부, 살균 등

허브티

뿌리로 만드는 허브티는 약간 쓴맛이 나서 레몬이나 꿀, 다른 허브티와 섞으면 마시기 편해진다.

효능

감기로 인한 기침이나 목의 통증을 완화하고 가래 배출에 도움을 준다.

※ 임신 중, 수유 중에는 음용을 피한다.

▲ 목향 뿌리

재배 방법

재배 난이도 : ★★★★☆

• 양지바른 장소와 적당히 촉촉한 흙을 좋아한다.
• 잘 쓰러지므로 지지대를 세운다.

	1	2	3	4	5	6	7	8	9	10	11	12
씨앗 심기												
개화기												
수확												

Column 01
허브 보관 방법

허브의 향과 맛을 잃지 않고 오래 즐기려면 올바른 보관 방법을 알아두자.
직접 재배한 허브를 보관할 때는 향기 성분이 가장 진한 개화 직전에 수확
하여 보관하는 것이 좋다.

건조 보관

맑고 공기가 건조해야 곰팡이가 생기지 않
으므로, 보관 작업은 하루 종일 맑은 날을
잡아 오전 중에 한다.

1 바람이 잘 통하는 그늘에서 가지나 줄기째 다발
로 만들어 거꾸로 매달거나, 작은 것은 신문지 등
에 펼쳐서 말린다. 골고루 마를 수 있도록 가끔 위
아래 위치를 바꿔준다.

2 몇 주가 지나고 잎에서 바스락바스락 소리가 날
정도로 마르면 방습제와 함께 밀폐용기에 넣어
서늘하고 어두운 곳에 보관한다.

3 허브는 공기에 닿으면 산화가 진행되므로 직사광
선이나 고온다습한 환경을 피하고, 반년에서 1년
이내에 모두 다 먹도록 한다.

냉동 보관

허브는 종류에 따라서 말리면 시들어버리거
나 향이 사라지기도 한다. 그런 허브는 생으
로 냉동 보관하는 것도 좋은 방법이다. 냉동
할 때는 허브에 묻은 수분을 닦아내고 소량
씩 랩으로 싸서 비닐백에 담아 냉동실에 넣
어두면 된다.

　냉동한 허브는 향이 약해지고 잎에서 수분
이 빠져 흐늘흐늘해지기 때문에 생으로 보
다는 볶음이나 오븐 요리 등의 가열 조리
에 알맞다.

【냉동에 적합한 허브】

• 이탈리안 파슬리 • 오레가노
• 타라곤 • 차이브 • 바질 • 민트
• 레몬밤 • 로즈메리 등

【냉동에 적합하지 않은 허브】

• 레몬그라스 • 딜
• 펜넬 등

※ 냉동한 바질은 자연 해동하면 거무스름해지므로 얼린
　그대로 요리에 넣는다.

엘더
ELDER

◀ 잘 익은 열매를 식용으로 쓴다.

다양한 약효를 지닌 '만능 약상자'

◀ 엘더 꽃

'엘더(Elder)'라는 이름은 앵글로색슨어인 'oeld(불꽃)'에서 왔으며, 불을 피울 때 엘더의 가지를 이용한 데서 비롯되었다. 또한, 가지나 줄기를 달여서 물엿 상태로 만들어 골절 치료용 찜질 약으로 썼다고 해서 '접골목'이라고도 부른다.

열매부터 꽃, 나무껍질, 잎, 뿌리까지 모든 부위에 높은 약효를 지녔다. 기원전 5세기에 의학의 아버지 히포크라테스가 사용했다는 기록이 있을 만큼 유럽에서는 오랜 세월 동안 '만능 약상자'로 불리며 민간약으로 사랑받아 왔다.

엘더에 얽힌 전설이나 미신도 많다. 그래서 질병과 악령을 막아주는 액막이 부적으로 나뭇가지와 줄기 등을 문과 창문에 매달거나, 꽃을 주머니에 넣어 몸에 지녔다고 한다.

감기와 독감 증상을 가라앉히는 대표적인 효능 외에도 기미나 주근깨를 경감하고, 꽃가루 알레르기로 인한 눈의 충혈 및 콧물을 개선하는 등 약효가 매우 광범위하다. 방충 효과도 입증되어 영국에서는 오래전부터 벌레를 쫓기 위해 화장실 근처에 심었다고 하니, 과연 '만능'이라는 수식어가 걸맞은 허브다.

DATA
학명 sambucus nigra
분류 연복초과 / 갈잎떨기나무
국문명 '서양딱총나무
원산지 유럽, 서남아시아, 북아프리카
식물 높이 2~10m
사용 부위 잎, 꽃, 열매, 가지, 줄기, 뿌리
용도 요리, 티, 미용, 약용, 공예, 염료 등
효능 이뇨 작용, 항바이러스, 거담, 변비 개선 등

▲ 엘더베리 잼

요리　　열매는 비타민의 보물 창고

여름에 열리는 진한 청자색 열매를 엘더베리라고 부른다. 유럽에서는 오래전부터 과일주나 시럽, 잼 등으로 만들어 먹었으며 염료로도 이용했다. 또한 비타민A, 비타민B, 비타민C 등 영양소도 풍부해서 감기 예방 및 독감, 노화 방지 효과도 기대할 수 있다.

🌿 식용 가능한 꽃

열매뿐만 아니라 꽃도 식용이 가능하다. 튀김옷을 입혀 튀기거나 설탕을 뿌려서 디저트로도 먹을 수 있다.　　※ 씨앗에는 독이 있으므로 생식은 절대 금지한다.

허브티　　취침 전 긴장 완화에 최적

향은 머스캣처럼 달콤하고 맛은 부드러운 엘더차는 불안이나 우울감을 누그러뜨리고 신경의 긴장을 풀어주는 효과가 있다. 자기 전에 마시는 것을 추천한다.

▲ 말린 꽃

🛁 효능

감기나 독감 증상을 완화하며, 감염증 예방을 위해 양치액으로도 쓸 수 있다.

※ 임신 중, 수유 중에는 음용을 피한다.

▲ 엘더 꽃 허브티

RECIPE
말린 엘더 꽃(1작은술)을 찻주전자에 넣고 뜨거운 물을 부어 뚜껑을 덮고 2~3분 우린다. 향을 음미하면서 마신다.

🌿 그 밖의 이용 방법

설탕물과 레몬즙에 꽃을 담가 만드는 엘더플라워 샴페인은 지금도 즐겨 마시는 영국의 여름 음료다. 또한 꽃을 설탕에 졸여 만든 시럽은 물이나 탄산음료에 타서 주스로 마시거나, 백포도주와 섞으면 홈메이드 칵테일이 된다. 열매를 소주에 담근 과실주도 맛있다.

▲ 유럽에서는 엘더 꽃으로 만든 시럽과 주스가 매우 흔하다.

미용 · 건강

🛁 효능

- 스트레스, 불안 · 기미, 주근깨
- 감기 제반 증상
- 꽃가루 알레르기, 비염 등

🌿 화장수

엘더는 피부를 조여주고 기미와 주근깨를 개선하는 데 효과적이다. 마시고 남은 허브티를 그대로 화장수 대신 사용해도 된다.

▲ 엘더 목욕용품

🌿 입욕제

엘디 꽃과 페퍼민트를 면 주머니에 넣고 입욕제로 만들어 욕조 목욕 시 사용한다. 허브 목욕은 목이 아플 때 하면 좋다.

재배 방법　　재배 난이도 : ★★★☆☆

	1	2	3	4	5	6	7	8	9	10	11	12
씨앗 심기			▬	▬	▬			▬	▬	▬		
개화기						▬	▬					
수확							▬	▬	▬			

🌿 주의점

- 건조한 환경에 취약하므로 물주기에 신경 쓴다.
- 여름에는 물러서 약해지지 않도록 화분은 통풍이 좋은 반음지에 둔다.
- 생육이 왕성하므로 공간을 충분히 확보한다

▶ 성장한 엘더 나무

카레 잎
CURRY LEAF

**남인도 요리를 특징짓는
스파이시한 향의 허브**

▲ 진한 향기의 흰색
꽃이 핀다.

▶ 카레 잎

카레와 감귤류를 뒤섞은 듯한 스파이시하고 동양적인 향기가 특징이다. 일본에서는 남양 산초라고도 하는데, 카레 잎은 산초가 속한 초피나무속이 아니라 칠리향속 식물이다. 히말라야 산기슭이나 남인도, 스리랑카에 자생하며 인도에서는 집에서 재배하는 가정도 많다.
　카레 잎은 남인도 요리에 꼭 들어가는 재료 가운데 하나로, 요리에 향을 낼 때나 향신료로 고기 요리를 양념할 때 쓰인다. 또한 아유르베다에서는 자양 강장과 식욕 증진, 소화 촉진 효과가 있는 약초로써 활용된다. 몸을 차게 하는 성질도 있어서 예로부터 해열제로 사용되었다. 말린 잎보다 신선한 생잎의 향이 강하고 효능도 더 뛰어나다.
　예전에는 원산지에서만 쓸 수 있었으나, 인도를 식민 통치한 영국에 의해서 다른 아시아 지역으로까지 퍼져나갔다. 일본에서는 아마미오섬과 오키나와 등지에서 재배되는데, 이동 규제 대상이어서 일본 본토로 반입하려면 검역해야 한다. 국내 유통되는 제품은 대부분 건조 잎이다.

DATA
학명 *Murraya koenigii*
분류 운향과 / 늘푸른떨기나무
국문명 카레 잎
원산지 인도, 스리랑카
식물 높이 3~6m
사용 부위 잎, 꽃, 나무껍질, 뿌리
용도 요리, 티, 미용, 약용 등
효능 소화 촉진, 강장, 설사 방지, 건위, 정장 작용, 식욕 촉진 등

🍴 요리 | 향신료로 사용되는 허브

카레 잎은 국물 요리에 풍미를 더할 때 자주 사용된다. 카레 잎은 생잎이 아니면 향이 약한데다가, 요리에 넣으면 향이 금세 날아가서 재료를 볶기 직전에 넣어야 한다. 볶음밥이나 죽 등에도 들어가고, 말린 카레 잎에 뜨거운 물을 부어 허브티로 마실 수도 있다.

※ 임신 중에는 식용을 피한다.

위) 카레 잎과 쌀로 만든 카레 리프 라이스
아래) 매운맛과 신맛이 특징인 라삼(Rasam) 수프

🌿 소스 재료

카레 잎은 처트니(chutney) 같은 조미료의 재료로도 쓰인다. 처트니란 채소나 과일에 향신료를 넣고 푹 끓이거나 절여서 만드는 소스 또는 페이스트 상태의 조미료인데, 인도 및 그 주변 국가의 요리에 빠지지 않는다. 가정마다 독자적인 레시피가 있어서 단맛부터 매운맛까지 매우 다양하다.

▲ 페이스트 상태의 조미료 처트니

💆 미용 · 건강

🧴 효능(향유)

• 백발 예방
• 피부 미용 등

◀ 카레나무 향유

🌿 허브 오일로 사용할 때 주의사항

카레나무 꽃에서 추출한 기름에는 피부와 모발의 건강을 유지하는 효과가 있다고 알려졌다. 다만 과도하게 사용하면 색소침착을 일으킬 수 있으니 사용량에 주의한다.

🌱 재배 방법 | 재배 난이도 : ★★★★★

	1	2	3	4	5	6	7	8	9	10	11	12
모종 심기												
개화기												
수확												

🌿 주의점

• 볕과 물 빠짐이 좋고 영양이 풍부한 흙에 심는다.
• 흙 표면이 마르면 물을 듬뿍 준다.
• 내한성이 없으므로 겨울철에는 실내에서 키운다.

▲ 카레나무 열매

올리브나무
OLIVE

평화를 상징하는
'태양의 나무'

▲ 초록색 열매가 익으면
흑갈색으로 변한다.

▶ 올리브나무 가지와 열매

평화의 상징으로 알려진 올리브나무는 유엔기를 비롯한 여러 나라의 국기에 그려져 있다. 이것은 하느님이 대홍수를 일으킨 이후, 육지를 찾기 위해 노아가 비둘기를 날려 보냈더니 올리브나무 가지를 물고 돌아왔다는 구약성서의 내용에서 비롯되었다. 한편 고대 그리스에서는 올림픽 승자에게 올리브관을 씌워주는 등, 오래전부터 중요한 식물로 여겨져 왔다.

특히 열매에서 채취하는 올리브유는 인류 역사상 가장 오래된 식용유로 알려졌으며, 약 6000년 전부터 중근동 지방에서 재배되었다. 1세기 무렵 고대 로마에서 올리브유는 '액체 황금'으로 불리면서 상거래의 중심이 되었다고 전해진다.

건조하고 척박한 땅에서도 자라는 올리브나무는 세계 최대 산지인 스페인을 중심으로 전 세계로 퍼져나갔으며, 지금은 500 이상의 품종이 있는 것으로 알려졌다. 생명력이 강하고 수령이 길어서 수백 년 이상 된 고목도 많다.

일본에서는 에도 막부의 주치의였던 하야시 도카이가 1862년에 프랑스에서 묘목을 수입하여 요코스카(가나가와현)에 심은 것을 일본에서의 첫 재배로 보고 있다.

DATA

학명 Olea europaea
분류 물푸레나뭇과
/ 늘푸른큰키나무
국문명 올리브나무
원산지 지중해 연안
식물 높이 3~10m
사용 부위 열매, 잎
용도 요리, 미용, 약용 등
효능 콜레스테롤 저하, 동맥경화 개선, 변비 개선, 소화 촉진, 피부 미용, 혈압 강하, 항 바이러스 등

🧴 미용·건강   🧪 효능(정유)

- ·염증, 가려움 ·트고 갈라진 손발 ·거친 피부
- ·비듬 ·햇볕에 그을린 데 등

🌿 비누 만들기

과거 프랑스 왕실에 납품되던 마르세유 비누를 비롯하여 올리브유로 만든 비누는 옛날부터 값비싼 고급품이었다. 마음에 드는 올리브유를 찾아서 수제 비누 만들기에 도전해보자.

▲ 마르세유 비누

🌿 손발 관리

따뜻하게 데운 올리브유에 손과 발을 5분 정도 담그면 촉촉하고 윤기가 난다. 기름으로 마사지하기만 해도 효과가 있다.

🍴 요리   그대로 마실 수 있는 영양 가득한 기름

올리브 열매는 새나 동물도 거의 먹지 않을 만큼 떫고 쓴맛이 강해서 생으로 먹기에는 적합하지 않다. 그래서 보통은 열매에서 짜낸 올리브유나 소금에 절인 열매를 먹는다. 올리브유는 식물성 기름 중에서도 특히 소화 흡수가 잘 된다고 알려졌는데, 불포화지방산인 올레산(Oleic acid), 리놀레산(Linoleic acid), 리놀렌산(Linolenic acid)이 풍부하게 함유되어 혈관 건강을 유지하는 데 도움이 되고 동맥경화 예방, 변비 예방, 소화 촉진 효과를 기대할 수 있다. 햇빛과 형광등에서 나오는 자외선에 의해 산화되므로 어둡고 서늘한 곳에 보관한다. 검은색 병이나 알루미늄 포일을 둘러 빛을 차단하면 좋다.

▲ 다양한 허브를 넣어서 만드는 허브 오일

🌿 종류에 따라 구분해서 사용

올리브유는 종류도 많고 가격도 천차만별이다. 최고급품은 엑스트라 버진 올리브유라고 하는데, 원심분리 등의 방법으로 과즙에서 직접 추출한 버진 올리브유 중에서도 특히 향이 좋고 품질이 우수한 기름을 가리킨다. 가열하지 않고 그대로 먹을 수 있으므로 빵이나 채소 등을 찍어 기름 자체의 맛을 음미하는 것이 좋다.

🌿 열매 먹는 방법

소금에 절인 올리브 열매는 샐러드와 파스타 소스, 피자 토핑, 와인 안주 등 다양한 방법으로 즐길 수 있다.

◀ 토마토와 양파, 페타치즈, 올리브 등의 재료에 올리브유를 뿌린 그리스식 샐러드

▲ 소금에 절이거나 양념한 올리브가 가득한 이탈리아의 시장

🌱 재배 방법   재배 난이도 : ★★★★☆

	1	2	3	4	5	6	7	8	9	10	11	12
모종 심기												
개화기												
수확												

🌿 주의점

- 약간 건조하게 관리한다.
- 같은 품종의 꽃가루로는 수분이 이루어지지 않으므로 다른 품종의 나무를 가까이 심는다.
- 햇볕을 듬뿍 쬐어준다.

▲ 스페인 안달루시아의 올리브나무 밭

오레가노
OREGANO

**세계에서 가장 오래된
요리책에도 등장하는 귀한 향신료**

▶ 오레가노 잎.
말리면 풍미가 더 진해진다.

지중해 연안의 야산에 자생한다. 고대 그리스어로는 '행복을 부르는 허브'라는 뜻이 있어서 결혼식 때 신랑 신부가 오레가노로 만든 화관을 쓰는 풍습이 있었으며, 약초로도 중요하게 쓰였다. 근연종인 마저럼과 비슷하지만, 마저럼보다 생육이 왕성하고 튼튼해서 야생 마저럼(wild marjoram)이라는 별명이 있다.

쌉쌀한 청량감이 느껴지는 잎은 생으로나 말려서 향신료로 쓴다. 현재는 이탈리아 요리와 멕시코 요리를 중심으로 폭넓게 이용되고 있는데, 서기 4~5세기 고대 로마 시대의 요리를 집대성한 세계에서 가장 오래된 요리책《아피키우스》에 "소스를 맛있게 만들어주는 향신료"라고 기록된 것으로 보아 그 당시부터 요리에 사용한 것으로 짐작된다.

살균 효과가 뛰어나고 향이 매우 독특해서, 고대 이집트에서는 신분이 높은 사람의 미라를 만들 때 시나몬이나 커민(Cumin) 등 다른 향신료와 혼합하여 부패 방지용으로도 사용했다. 중세 유럽에서는 귀부인들이 향주머니로 만들거나 손 씻는 물에 풀어서 향을 즐겼다고 한다.

DATA
학명 *Origanum. vulgare*
분류 꿀풀과 / 여러해살이풀
국문명 오레가노
원산지 지중해 연안
식물 높이 50~80cm
사용 부위 잎, 꽃
용도 요리, 티, 미용, 약용, 공예 등
효능 발한 작용, 살균, 노화 예방,
소화 촉진, 냄새 제거 등

허브티　쌉쌀하고 알싸한 맛

은은한 쓴맛이 상쾌하고 끝맛은 산뜻하다.
생잎보다 말린 잎이 풋내가 없고 단맛이 강하다.

🧪 효능
위장 운동을 조절하고 소화를 촉진
하는 작용이 있어서 과식했을 때 마
시면 효과적이다.

※ 임신 중에는 음용을 피한다.

▲ 오레가노 티

RECIPE
말린 오레가노 잎(1작은술)을 찻주전자
에 넣고 뜨거운 물을 부어 뚜껑을 덮고
2~3분 우린다.

▲ 강낭콩, 간 고기, 토마토, 칠리 파우더를
　푹 끓인 칠리 콘 카르네

요리　토마토 요리에 필수적인 허브

오레가노는 이탈리아와 그리스 등의 지중해 지방 요리에 빠지지 않는
허브 가운데 하나다. 토마토케첩, 토마토주스, 오믈렛 등의 토마토 요
리는 물론, 치즈하고도 궁합이 잘 맞는다.

🌿 혼합 향신료
피자 허브로 불릴 만큼 피자에는 없어서는 안 될 향신료로 유명하다.
또한 멕시코 음식에 많이 쓰이는 칠리 파우더(칠리 페퍼 분말에 여러
종류의 향신료를 혼합한 것)에도 필수로 들어가고, 칠리 빈이나 칠리
콘 카르네 등의 요리에는 절대 빠지지 않는다. 다른 향신료와 섞어서
혼합 향신료를 만들어 두면 편리하게 활용할 수 있다.

🌿 부케 가르니
꿀풀과 식물 특유의 청량감이 고기와 생선의 비린내를 없애주기
때문에, 프랑스 요리에서 수프나 스튜를 조리할 때 사용하는 허
브 다발 부케 가르니(Bouquet garni)에
도 이용할 수 있다. 생으로도 말려서도
쓸 수 있지만, 말리면 향이 짙어지므로
용도에 맞춰 구분해서 쓴다.

▶ 양젖으로 만든 그리스의 페타 치즈.
　오레가노를 넣고 올리브유에 담갔다.

▲ 피자나 파스타의 풍미를 살리는 데 제격이다.

공예

살균 및 냄새 제거 효과 활용

드라이플라워를 부케나 리스로 만들어 장
식하면 살균 효과까지 있는 인테리어 소품
이 된다. 청소기로 빨아들이면 먼지통 속을
살균하고 냄새를 없애준다.

▲ 오레가노 꽃

재배 방법　재배 난이도 : ★★★★★

	1	2	3	4	5	6	7	8	9	10	11	12
씨앗 심기			▬	▬				▬	▬			
개화기						▬	▬	▬				
수확				▬	▬	▬	▬	▬	▬			

✂ 주의점
· 높은 습도에 약하므로 장마철이나 여름에
　는 가지치기하여 바람이 잘 통하게 한다.
· 화분에 심으면 뿌리가 금세 빽빽해지므로
　매년 봄에 옮겨심는다.

▲ 추위와 건조한 환경
　에 강하고 튼튼해서
　키우기 쉽다.

오렌지
ORANGE

스트레스를 가라앉히는 달콤한 과일 향

▶ 비터 오렌지 열매

▲ 오렌지 꽃

원산지는 인도 아삼 지방이지만 현재는 미국, 브라질, 스페인, 이탈리아, 멕시코 등이 주산지가 되었다. 일본에는 메이지 시대에 도입되었고 히로시마, 와카야마 등지에서 재배하고 있다.

허브티나 아로마 요법에 사용하는 오렌지로는 비터 오렌지와 스위트 오렌지가 있으며, 우리나라에서는 각각 광귤나무와 당귤나무라고 한다. 두 종류 모두 열매껍질을 말려서 차로 마시면 항우울 작용으로 기분이 밝아지고, 위장의 운동이 좋아지는 효과를 기대할 수 있다. 또한 열매껍질에서 채취하는 정유의 향에도 이완 효과가 있어서 아로마 요법 등에 사용된다.

비터 오렌지 꽃은 감귤류 특유의 상큼함과 우아한 향을 겸비하여 향수로도 인기가 있다. 꽃에서 추출한 정유를 네롤리(Neroli)라고 하는데, 17세기 이탈리아에서 네롤라의 공주로 불렸던 마리 안느가 이 정유를 즐겨 사용하여 붙여진 이름이다. 이밖에도 꽃을 말린 오렌지 블라썸이라는 허브티 역시 불안이나 긴장을 완화하는 효과가 있다고 한다.

DATA

학명 *Citrus aurantium* (비터)
  Citrus sinensis (스위트)
분류 운향과/늘푸른 작은큰키나무
국문명 광귤나무, 당귤나무
원산지 인도, 중국
식물 높이 4~5m
사용 부위 열매껍질, 꽃
용도 요리, 티, 미용, 약용, 공예 등
효능 진정 작용, 소화 촉진, 이뇨, 발한 작용, 정장 작용, 진해 등

허브티   불안을 가라앉히고 싶을 때

껍질(오렌지필)은 새콤달콤하고 상큼한 향이 나며 특유의 떫은맛이 있다. 꽃은 부드러운 맛과 감미로운 향을 즐길 수 있다.

효능
진정 작용이 뛰어나서 스트레스가 쌓였을 때나 잠들지 못하는 밤에 마시면 더 효과적이다.

▲ 재스민과 오렌지 껍질을 혼합한 찻잎

RECIPE
말린 껍질(2작은술)을 찻주전자에 넣고 뜨거운 물을 부어 뚜껑을 덮고 5분 우린다.

블렌드 티
로즈힙이나 캐모마일 등의 다른 허브티에 첨가하면 풍미가 좋아지고 맛이 부드러워지는 효과가 있다. 또한 허브 이외에도 홍차나 중국차와 조합해 보는 것도 추천한다.

▶ 말린 열매껍질

※ 임신 중에는 음용을 피한다.

요리   향과 쌉싸름한 맛을 즐긴다

생 오렌지 껍질은 강판에 갈아서 디저트나 리큐어에 향을 낼 때 넣는다. 다진 껍질에 설탕을 넣고 졸여서 말리면 케이크나 초콜릿 등에 활용할 수 있다.

비터 오렌지 마멀레이드(잼)
신맛과 쓴맛이 강한 비터 오렌지는 생으로 먹는 것보다 가공해서 쓰기 좋다. 채 친 껍질과 과즙을 같이 졸이고 설탕을 넣으면 껍질에 함유된 펙틴과 산이 작용하여 자연스럽게 걸쭉해진다.

오렌지 치킨
과즙이나 마멀레이드로 만든 과일소스를 고기 요리에 넣으면 고기가 연해지고 맛깔스러워 보인다. 또한 오렌지는 고기의 누린내를 제거하는 향신료로도 쓰인다. 오렌지 껍질로 풍미를 더한 칠리소스에 닭고기를 튀겨 버무린 오렌지 치킨은 미국에서 인기 있는 중화요리다.

▲ 오렌지 치킨

▲ 비터 오렌지 마멀레이드. 쌉싸름한 맛과 상큼한 향이 버터와도 잘 어울린다.

재배 방법   재배 난이도 : ★★★☆☆

	1 2 3 4 5 6 7 8 9 10 11 12
모종 심기	
개화기	
수확	

주의점
- 양지바르고 배수가 잘되는 땅을 좋아한다.
- 조금씩 가지치기해서 바람이 잘 통하게 한다.
- 화분에 키울 때는 2~3년에 한 번씩 옮겨심는다.

▶ 아시아가 원산지인 비터 오렌지는 일본에서도 쉽게 재배할 수 있다.

미용·건강

효능(정유)
- 진정 작용 · 해열 · 건위
- 소화 촉진 · 식욕 증진

▲ 오렌지 수제 비누

비누
오렌지 껍질에서 채취하는 정유에는 기름기를 씻어내는 효과와 항균 및 냄새 제거 효과가 있다. 비누를 만들 때 정유나 잘게 다진 껍질을 넣어도 좋다.

목욕
스위트 오렌지 정유는 비터 오렌지보다 자극이 적어서 아로마 목욕에 적합하다. 자기 전에 정유가 들어간 목욕용 오일을 욕조에 풀고 몸을 담그면 이완 효과가 있어서 쉽게 잠들 수 있다.

마늘
GARLIC

**전 세계 요리에 사용되는
식욕을 돋우는 향**

▶ 알뿌리는 여러 조각으로
나뉘어 있다.

▲ 수확한 마늘

오랜 역사를 지닌 마늘은 기원전 3200년경에 이미 고대 이집트에서 재배되었다. 현존하는 가장 오래된 의학서에도 약으로 기재되었으며, 피라미드 건설에 종사한 노동자가 체력을 유지하기 위해 먹었다는 기록도 있다. 일본에 전해진 시기는 8세기쯤으로, 헤이안 시대에 쓰인 의학서《의심방》에 마늘에 관한 설명이 있다. 마늘의 일본 이름인 닌니쿠는 '어려움을 참고 견딘다'는 뜻의 불교 용어 '인욕(忍辱)'에서 유래했으며, 에도 시대에 마늘 섭식을 금지 당한 승려가 몰래 먹거서 붙여진 이름이라는 설이 있다. 요리 이외에도 건강 증진을 위해 차나 건강보조식품으로 섭취하며, 마귀를 쫓는 힘이 있어서 흡혈귀가 싫어한다는 이야기도 알려져 있다.

DATA
학명 Allium sativum
분류 수선화과 / 여러해살이풀
국문명 마늘
원산지 중앙아시아
식물 높이 25~30cm
사용 부위 싹, 잎, 줄기, 알뿌리
용도 요리, 티, 약용, 공예 등
효능 강장, 피로 해소, 살균, 대사 촉진, 항바이러스, 혈행 촉진, 식욕 증진 등

🌿 **향신료의 대명사**

식욕을 돋우는 특유의 향이 특징으로, 중국 요리와 이탈리아 요리를 비롯한 세계 여러 나라의 요리에서 빠질 수 없는 향신료 가운데 하나다. 생으로 먹으면 너무 자극적이라서 잘게 다져 익혀 먹거나 양념으로 만들 때 사용한다.

요리

▲ 버섯과 마늘 토스트

재배 방법

재배 난이도 : ★★★☆☆

- 화분에 심을 때는 깊이가 30cm 이상인 화분에 씨 마늘을 심는다.
- 꽃은 피기 전에 딴다.

	1	2	3	4	5	6	7	8	9	10	11	12
모종 심기												
개화기												
수확												

카피르 라임
KAFFIR LIME

**동남아시아 음식을
돋보이게 하는 상큼한 향**

▼ 잎과 열매.
울퉁불퉁한 표면이 마치
혹처럼 보인다.

동남아시아가 원산지인 감귤류의 하나로, 태국에서는 열매를 마끄룻(makrut), 잎을 바이 마끄룻(bai makrut)이라고 부른다. 마치 두 장을 이어 붙인 듯한 색다른 모양새의 잎에는 상쾌하고 강렬한 향이 있어서, 동남아시아에서는 카레나 수프, 고기와 생선 요리에 풍미를 부여할 때 꼭 집어넣는 대표적인 허브다.

카피르 라임 과육은 쓴맛이 강해서 요리에 걸맞지 않지만, 진한 향을 지닌 껍질은 갈아서 요리에 사용한다. 또한 껍질과 과육에 함유된 리모넨(Limonene)이라는 정유 성분에 비듬이나 가려움을 예방하고 탈모를 억제하는 효과가 있다고 하여, 태국이나 인도네시아 등지에서는 오래전부터 카피르 라임 열매로 페이스트를 만들어 두피를 마사지했다.

▲ 태국 레드 카레

🌿 맵싸한 요리에 안성맞춤   **요리**

말린 잎 또는 생잎을 카레나 수프에 통째로 넣어 끓이거나 잘게 썰어서 어묵 반죽에 넣는다. 고량강, 레몬그라스와 함께 사용하면 제대로 된 똠얌꿍을 맛볼 수 있다.

재배 방법   재배 난이도 : ★★☆☆☆

- 해가 잘 들고 기후가 따뜻한 지역에 적합하다.
- 겨울에는 건조 및 눈, 서리에 주의한다.

	1	2	3	4	5	6	7	8	9	10	11	12
모종 심기												
개화기												
수확												

DATA

학명 *Citrus hystrix*
분류 운향과 / 늘푸른떨기나무
국문명 카피르 라임
원산지 동남아시아
식물 높이 3~10m
사용 부위 잎, 열매
용도 요리, 미용 건강 등
효능 항암, 살균, 소화 촉진, 항염증, 혈행 촉진 등

19

캐모마일
CHAMOMILE

**편안한 잠을 부르는
사과처럼 달콤한 향**

▲ 저먼 종

◀ 저먼 종보다 꽃은 적게 피지만
잎이 예쁜 로만 종

대지의 사과를 뜻하는 그리스어 카마이멜론(khamaimelon)에서 유래한 캐모마일은 하얗고 사랑스러운 꽃이 사과 같은 진한 향기를 지녔다고 해서 붙여진 이름이다. 19세기 초 네덜란드에서 일본으로 전해지면서 네덜란드어인 카밀레(Kamille)를 잘못 발음하여 일본에서는 가미쓰레라고 부르게 되었다.

고대 이집트에서는 '최고의 허브'로 칭송하며 태양신에게 바치는 공물 및 특효약으로 이용했다. 또한 유럽에서는 가장 역사 깊은 민간약의 하나로써, 프랑스와 영국 등지에서 오래전부터 열병이나 부인병 치료 약으로 썼다. 현재는 높은 이완 효과 덕분에 '숙면하는 약'으로 인기를 얻고 있고, 강한 항염증 작용을 바탕으로 화장품 등에도 활용되고 있다.

캐모마일 중에서는 저먼 캐모마일과 로만 캐모마일이 특별히 약효가 뛰어난 것으로 알려졌다. 꽃에만 향기가 있는 저먼 종은 주로 허브티로 이용된다. 로만 종은 꽃, 줄기, 잎 전체에서 향기가 나지만 허브티로 마시면 쓴맛이 강해지는 특징이 있다.

DATA
학명 *Matricaria recutita* (저먼)
Anthemis nobilis (로만)
분류 국화과 / 한해살이풀(저먼)
여러해살이풀(로만)
국문명 캐모마일
원산지 유럽
식물 높이 30~80cm
사용 부위 잎, 꽃, 줄기
용도 요리, 티, 미용, 약용, 공예 등
효능 이완 효과, 발한 작용, 피부
미용, 항염증 등

허브티   말린 꽃과 생화 모두 허브티로

로만 종은 차로 마시면 쓴맛이 나오므로 식용에는 저먼 종을 추천한다.

효능

숙면, 이완, 피로 해소 효과가 뛰어나기 때문에 일을 마친 뒤나 저녁 식사 후, 취침 전에 마시면 더 효과적이다.

그 밖의 이용 방법

허브티에 익숙하지 않은 사람은 밀크티로 만들면 훨씬 마시기 좋다. 우유(200cc)와 말린 캐모마일(1작은술)을 냄비에 넣고 불을 켠 다음 끓어오르기 전에 불을 끈다. 차 거름망으로 캐모마일을 거른 뒤 꿀을 넣으면 더 맛있다.

> **RECIPE**
>
> 캐모마일 생화(5개 정도) 또는 말린 캐모마일 꽃(1작은술)을 찻주전자에 넣고 뜨거운 물을 부어 뚜껑을 덮고 3~5분 우린다.

▲ 말린 캐모마일과 캐모마일 티

▲ 캐모마일 목욕 소금

미용 · 건강

효능(정유)

- 불면 · 스트레스 · 생리 불순 · 거친 피부
- 여드름 · 건조한 피부 · 두통, 생리통, 관절통
- 알레르기 · 설사, 변비 · PMS, 갱년기 증상 등

▲ 민감성 피부에도 사용할 수 있는 캐모마일 비누

목욕할 때

진하게 우린 캐모마일 추출액이나 정유가 함유된 목욕용 오일, 소금을 욕조에 넣으면 이완 효과와 피부 미용의 상승효과를 볼 수 있다.

피부와 모발 관리

캐모마일 추출액을 화장수나 린스로 사용하면 피부가 매끄러워지고 모발에 윤기가 돈다.

방충 효과

캐모마일은 가까이 있는 식물을 잘 자라게 하는 동반 식물로 '식물의 의사'라고도 불린다. 양배추나 양파 곁에 심으면 해충을 예방하는데, 허브차나 입욕제로 사용한 꽃을 땅에 묻어 두는 것도 효과적이다.

▲ 캐모마일 정유

재배 방법   재배 난이도 : ★★★☆☆

	1	2	3	4	5	6	7	8	9	10	11	12
씨앗 심기												
개화기												
수확												

주의점

- 고온다습한 환경에 약하므로 적당히 솎아내어 통풍이 잘되게 한다.
- 새싹과 꽃봉오리에 진딧물이 잘 생기니 주의한다.

◀ 봄부터 여름까지 흰 꽃이 핀다.

공예   소품으로써의 활용법

신선한 캐모마일은 그대로 코르사주나 리스로 쓸 수 있다. 또한 말린 꽃은 베개에 넣어 숙면 효과를 높이는 허브 베개로도 활용 가능하다. 포푸리를 머리맡에 두는 것만으로도 효과가 있다. 먼지통 속을 살균하고 냄새를 없애준다.

▶ 캐모마일 리스

Column 02
허브 소금 & 오일 만드는 법

허브 소금 만드는 방법

잘게 다진 허브와 소금을 섞기만 하면 완성되는 만능 조미료. 좋아하는 허브나 향신료를 넣어서 나만의 허브 소금을 만들어보자.

추천 허브
- 오레가노
- 마늘
- 커먼세이지
- 고수
- 타임
- 차이브
- 바질
- 펜넬
- 마저럼
- 파슬리
- 로즈메리 등

【재료】 좋아하는 각종 허브(생 또는 말린 것)······적당량
소금······허브의 전체 양과 같은 양

1 소금은 기름을 두르지 않은 프라이팬에 볶거나, 랩을 씌우지 않은 상태로 전자레인지에 가열하여 수분을 날린다.

2 식칼이나 푸드 프로세서 등으로 허브를 잘게 다진다.

3 소금과 허브를 막자사발에 넣고 막자로 잘 섞는다.

4 보관 용기에 옮겨 담으면 완성이다. 생 허브를 사용할 때는 쉽게 상하므로 냉장고에 보관하고 되도록 빨리 먹는다.

※ 로즈메리, 커먼세이지 등의 향이 강한 허브는 양을 적게 넣는다.

허브 오일 만드는 방법

기름에 담가 허브의 향미 성분을 추출하는 허브 오일. 여러 종류 만들어 두면 밑간할 때나 드레싱, 마늘 토스트, 파스타, 고기와 생선구이 등 다양한 요리에 쓸 수 있어 매우 편리하다.

추천 허브
- 오레가노
- 타라곤
- 타임
- 마늘
- 딜
- 바질
- 펜넬
- 마저럼
- 레몬그라스
- 로즈메리
- 월계수 등

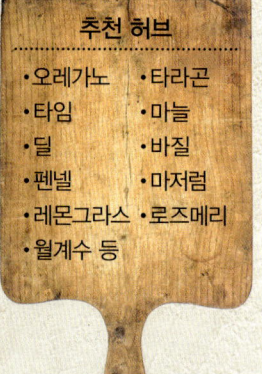

【재료】 각종 허브······적당량
식용유······적당량

1 신선한 허브는 잘 씻어서 키친타월 등으로 물기를 완전히 닦고, 마늘은 껍질을 벗겨 꼭지를 잘라낸다.

2 뜨거운 물로 씻어 소독하고 말려 놓은 보관 용기에 허브를 담고 허브가 완전히 잠길 때까지 기름을 붓는다.

3 뚜껑을 덮고 직사광선이 들지 않는 곳에 일주일 정도 두어 기름에 향이 배게 한다. 이때 하루에 한 번 용기를 흔들어준다.

4 기름에 허브 향이 배면 허브를 꺼내고 거름망 등으로 거르면 완성이다.

5 완성된 허브 오일은 1~2주 안에 다 먹도록 한다.

고량강
GALANGAL

독특한 향과 매운맛이 나는 생강과 식물

▼ 고량강 줄기와 잎

▶ 뿌리줄기는 하얗고, 어린 생강과 비슷하게 생겼다.

자극적인 풍미와 청량감이 있는 생강의 한 종류로, 인도나 중국 등에서는 오래전부터 위염이나 호흡기 질환에 약으로 썼다고 한다. 고량강으로 불리는 것에는 큰 고량강(Greater galangal)과 양강(Lesser galangal)이 있는데, 태국 음식 재료에서 카(Kha)라고 하면 '큰 고량강'을 일컫는다.

주로 성장한 뿌리줄기를 사용하며, 생강보다 흙내가 적고 매운맛과 신맛, 단맛이 합쳐진 독특한 풍미로 고기나 생선의 비린내 제거와 국물 요리 등에 쓰인다. 또한 어린 생강과 마찬가지로 덜 자란 뿌리줄기를 그대로 먹기도 하고, 새싹과 꽃이삭도 생으로 샐러드에 넣어서, 또는 삶아서 먹을 수도 있다.

DATA

학명 Alpinia galanga
분류 생강과 / 여러해살이풀
국문명 큰 고량강
원산지 중국 남부
식물 높이 1~2m
사용 부위 뿌리줄기, 꽃이삭
용도 요리, 티 등
효능 항염증, 입 냄새 예방, 구토 진정, 건위, 강장, 이뇨 작용 등

🌿 매운맛이 특징인 요리에 쓰인다

요리

태국식 카레나 똠얌꿍은 물론이고 인도네시아의 삼발 소스(칠리 페퍼, 마늘, 고량강, 토마토, 라임 과즙, 어장, 설탕 등으로 조미한 칠리소스)에 넣어도 맛있다. 고량강은 수입 식료품점 등에서 생으로 또는 말린 것을 살 수 있다.

▲ 인도네시아의 식탁에 빠지지 않는 삼발 소스

재배 방법

재배 난이도 : ☆☆☆☆☆

가정에서 재배하기에는 적합하지 않다.

카다몬
CARDAMON

알싸하고 상쾌한 '향기의 왕'

▲ 카다몬 잎

▲ 말린 카다몬 열매와 씨앗

상쾌하고 강렬한 향을 지닌 생강과 식물로 향이 매우 풍부해서 '향기의 왕'이라고 일컫는다. 원산지는 인도 남부이고, 말린 씨앗은 차이(chai)나 카레 요리, 서양과자 등에 사용된다. 기원전부터 유럽에 수출되었으나 재배하고 수확하는 데 어려움이 있고 손도 많이 가서 고가의 향신료로 거래되었다.

아유르베다와 한방에서 소화를 촉진하고 입 냄새를 방지하는 약으로도 쓰였다. 발한 작용도 있어서 몸을 따뜻하게 하는 효과가 기대된다. 사우디아라비아에서는 놋쇠로 만든 커피 주전자 주둥이에 으깬 카다몬을 몇 알갱이 넣어서 커피를 따르는 카와(Qahwa)라는 이름의 카다몬 커피를 마시는 풍습이 있다.

DATA

학명 *Elettaria cardamomum*
분류 생강과 / 여러해살이풀
국문명 소두구
원산지 인도, 스리랑카
식물 높이 1~3m
사용 부위 열매, 씨앗
용도 요리, 티, 미용, 약용 등
효능 소화 촉진, 건위, 발한 작용,
입 냄새 예방 등

요리

▲ 카다몬 가루

❀ **달콤한 요리부터 매운 요리까지**

카다몬은 가람 마살라(Garam Masala)의 주재료이자 카레에 향을 내는 데 쓰인다. 카다몬 가루에 설탕을 섞은 카다몬 슈거는 빵이나 요구르트 등에 뿌리면 잘 어울린다.

재배 방법

재배 난이도 : ★☆☆☆☆

· 일본에서도 재배할 수 있지만 온실 등의 설비가 필요하다.
· 1년 내내 20℃ 정도의 기온을 유지한다.

	1	2	3	4	5	6	7	8	9	10	11	12
모종 심기				▬	▬	▬	▬	▬				
개화기						▬	▬					
수확									▬	▬		

커리플랜트
CURRY PLANT

**카레 향이 감도는
신기한 허브**

▲ 작고 노란 꽃이 특징

◀ 커리플랜트 잎

메마른 언덕이나 돌밭, 절벽 등에 자생하는 커리플랜트. 이름에서 알 수 있듯이 잎과 줄기에서 카레 가루 같은 매캐한 향이 나는데, 정작 카레 가루나 카레 소스의 원료로는 쓰이지 않는 독특한 허브다. 쓴맛과 향이 강해서 식용으로는 적합하지 않지만, 수프나 피클 등에 향료로 이용된다.

노란색 꽃은 드라이플라워로 만들어도 오랫동안 색이 바래지 않아서 통칭 '에버래스팅(영원)' 또는 '이모텔(불멸)'이라 불린다. 또한 아름다운 은백색 잎은 다른 식물들과 모아심기 하거나 화단 둘레에 심으면 더욱 돋보이기 때문에, 영국에서는 오래전부터 정원 꾸미기에 이용해 왔다.

▲ 말린 허브 부케

✿ 드라이플라워에 안성맞춤

🎋 공예

잎과 꽃을 말려도 색이 바래지 않아서 드라이플라워나 포푸리, 리스에 색감을 채울 때 이용하기 좋다. 화장실이나 신발장 등에 넣어 두면 냄새 제거 효과도 있다.

재배 방법   재배 난이도 : ★★★☆☆

- 양지바른 장소에서 조금 건조한 듯이 키운다.
- 빽빽해지지 않도록 틈틈이 가지를 뽑아준다.

DATA

학명 *Helichrysum italicum*
분류 국화과 / 여러해살이풀
국문명 커리플랜트
원산지 지중해 연안
식물 높이 30~60cm
사용 부위 잎, 꽃, 줄기
용도 요리, 공예 등
효능 항균 작용, 피로 해소, 정신 안정, 항염증 등

	1	2	3	4	5	6	7	8	9	10	11	12
씨앗 심기												
개화기												
수확												

카렌듈라
CALENDULA

**피부 트러블에 탁월한
효과를 발휘하는 허브**

▶ 가운데에 검은 점이 있기도 하고,
꽃 모양은 여러 가지다.

카렌듈라의 다른 이름은 포트마리골드(Pot marigold)로, '먹을 수 있는 마리골드'라는 뜻이다. 이름처럼 유럽에서는 오래전부터 식용 꽃으로 이용해 왔다.

일본에서는 술잔 모양의 금색 꽃이라는 뜻에서 긴센카(금잔화)라는 이름으로 불린다. 17세기 중반쯤 일본에 전파되어 주로 불단이나 묘지를 장식하는 데 쓰였다. 그 때문에 식용으로 여기지 않았으나 잎은 샐러드에, 꽃잎은 쌀이나 생선 요리의 장식으로, 그리고 과자와 치즈, 잼 등의 착색료로도 이용할 수 있다.

특히 꽃잎에는 손상된 피부와 점막, 모세혈관의 회복을 돕고 살균 작용을 하는 유효 성분이 함유되어 있어서, 오래전부터 카렌듈라 연고는 피부 치료 약으로도 널리 쓰였다. 또한 중세 유럽에서는 카렌듈라를 보고 있기만 해도 시력이 좋아진다고 여겼다.

카렌듈라라는 이름은 캘린더의 어원인 라틴어 칼렌다이(Kalendae, 초하루라는 뜻)에서 유래했는데 명확한 근거는 알려지지 않았다.

DATA
학명 Calendula officinalis
분류 국화과 / 한해살이풀
국문명 금잔화
원산지 지중해 연안
식물 높이 30~80cm
사용 부위 잎, 꽃
용도 요리, 티, 미용, 약용, 공예,
  염료 등
효능 항균, 항염증, 항바이러스,
  소염, 피부 및 점막의 회복 등

⧉ 허브티 ⧉ 여성에게 탁월한 효과

▶ 카렌듈라 허브티

아름다운 황금색 허브티로 풀밭 같은 향기가 난다. 거슬리는 맛은 거의 없지만 약간 쓴맛이 난다.

🌿 효능
신진대사를 촉진하고 피부를 속부터 맑아지게 하며 빈혈, 생리통, 생리 불순, 갱년기 증상 등 여성 관련 질환의 증상을 줄여주는 효과도 있다.

🌿 그 밖의 활용법
카렌듈라 허브티를 조금 진하게 우려서 입안을 헹구는 양치액으로 쓸 수 있다.

RECIPE
말린 카렌듈라 꽃(1작은술)을 찻주전자에 넣고 뜨거운 물을 부어 뚜껑을 덮고 5~10분 우린다.

※ 임신·수유 중에는 음용을 피한다. 관상용 마리골드와 닮았으니 혼동하지 않도록 주의한다.

⧉ 미용·건강 ⧉ 🧪 효능 · 거친 피부 · 베인 상처 · 화상 등

🌿 화장수
여드름이나 거친 피부에 허브티를 화장수 바르듯이 그대로 발라준다.

🌿 응급처치
거즈나 솜을 허브티에 적셔서 베인 상처 등의 염증 부위에 덮어주면 응급처치가 된다.

🌿 만능 카렌듈라 오일
유리 용기에 말린 카렌듈라 꽃(5g)과 희석용 캐리어 오일(100ml)을 넣고 마개를 닫은 뒤 약 2주 동안 두었다가 꽃을 거른다. 여기에 다시 꽃(10g)을 더 넣고 2주 동안 담갔다가 다시 꽃을 걸러내면 완성된다. 마사지 오일이나 핸드크림, 립크림의 베이스로 이용할 수 있다. 산화되지 않도록 차광 병에 보관한다.

▲ 카렌듈라 비누

🌿 목욕
베주머니에 말린 카렌듈라 꽃을 넣어 입구를 묶고 욕조에 들어가 마사지하면 거친 피부나 갈라진 발뒤꿈치 등을 회복시키는 효과가 있다.

※ 임신 중에는 사용을 피한다.

▶ 카렌듈라 오일

⧉ 재배 방법 ⧉ 재배 난이도 : ★★★★☆

	1 2 3 4 5 6 7 8 9 10 11 12
씨앗 심기	
개화기	
수확	

✂ 주의점
· 시든 꽃은 바로바로 따준다.
· 햇볕이 잘 드는 장소에서 키운다.
· 정원에 심을 때는 간단한 서리 대비책을 마련한다.
· 흰가룻병을 조심한다.

▶ 카렌듈라 꽃

⧉ 공예 ⧉ 리스나 포푸리에 컬러감 더하기

향은 거의 없지만, 오렌지색 꽃은 말려도 예뻐서 포푸리나 리스를 다채롭게 즐길 수 있다.

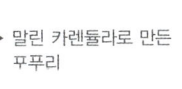

▶ 말린 카렌듈라로 만든 포푸리

국화
CHRYSANTHEMUM

**눈의 피로를 풀어주는
중국 전통 꽃차**

▶ 관상용보다 작은 국화

한방 생약을 일컫는 '국화꽃'은 식용 국화의 두상화를 말린 것으로, '동양의 캐모마일'이라
고도 부른다. 해열 및 해독, 진통 작용을 하고 안정 피로에 효과가 있다고 알려져서 일본
에서는 전통적으로 많이 이용되었다. 주요 산지인 중국 저장성의 항국(杭菊)은 하얗고, 안
후이성에서 생산되는 소국(小菊)은 노랗다. 완전히 활짝 핀 꽃보다 꽃봉오리가 더 고급이
고, 꽃꿀처럼 진한 향기가 난다.

국화차는 중국에서 예로부터 많은 사람이 즐겨 마셔온 꽃차로, 구기자 열매나 중국 녹차
와 혼합하여 마시는 경우가 많다. 중양절(음력 9월 9일)에는 나쁜 기운을 물리치고 장수를
기원하면서 국화차나 국화주를 마시는 풍습이 있다. 베개 속에 국화꽃을 넣으면 숙면할
수 있다고 알려졌다.

DATA

학명 Cananga odorata
분류 국화과 / 여러해살이풀
국문명 국화
원산지 중국
식물 높이 50cm~1m
사용 부위 꽃
용도 요리, 티, 약용-등
효능 눈의 충혈 및 눈 피로 개선,
해열, 해독 작용, 진통, 진정
작용, 이완 효과 등

허브티

어렴풋이 쓴맛이 나
서 취향대로 녹차나
보이차와 섞어 마시
는 것도 좋다.

효능

눈의 피로를 덜어주고 초기 감기에
효과가 있다고 알려졌다. 또한 뜨거
운 물 안에서 펼쳐지는 꽃잎과 국화
향기는 진정 효과를 발휘한다.

▲ 스트레이트티로
즐기는 국화차

재배 방법   재배 난이도 : ★★★☆☆

· 양지바르고 배수가 잘되는 땅
을 좋아한다.

· 꽃을 많이 피우게 하는 인산
성분이 풍부한 비료를 준다.

	1	2	3	4	5	6	7	8	9	10	11	12
모종 심기				■	■	■	■					
개화기										■	■	
수확									■	■		

개박하
CATNIP

상쾌한 향, 고양이가
좋아하는 허브

▶ 톱날이 있는 삼각형의 잎 표면에
　가는 털이 나 있다.

▼ 무아지경으로 잎에서
　냄새를 맡는 고양이

시원한 향이 나는 민트의 동종으로, 영문 이름인 캣닢은 '고양이가 씹는 것'이라는 뜻이다. 고양이가 이 풀을 따 먹거나 그 위에 뒹굴며 몸을 문지른 데서 유래했다. 오래전 고대 로마 시대부터 의약품이나 조미료로 재배되었다고 한다.

　개박하의 잎과 꽃에는 비타민C가 풍부하게 함유되어 감기 증상이나 불면에 효과를 기대할 수 있다. 민트와 마찬가지로 보통은 허브티로 마시지만, 잎을 말려서 입욕제로 쓸 수도 있다. 크게 성장하므로 울창하게 자란 잎과 꽃이삭은 말려서 포푸리로 만들어 봉제 인형 안에 넣으면 고양이가 좋아하는 장난감이 된다.

❖ 허브티 ❖

잎과 줄기는 생이든 말린 것이든 모두 사용할 수 있다. 민트 계열의 시원한 향이 긴장을 풀어 준다.

🧪 효능

최면, 발한, 진정 작용이 있고, 체온을 높이지 않아서 감기나 열이 날 때 마시면 좋다.
※ 임신·수유 중에는 음용을 피한다.

▲ 개박하 생잎차

❖ 재배 방법 ❖ 재배 난이도 : ★★★☆☆

• 햇볕이 잘 들고 배수가 잘되는 기름진 흙에 심는다.
• 성장기에는 흙 표면이 마르면 끝바로 물을 준다.

	1	2	3	4	5	6	7	8	9	10	11	12
씨앗 심기				▬	▬					▬	▬	
개화기						▬	▬	▬				
수확					▬	▬	▬	▬	▬	▬		

DATA

학명 *Nepeta cataria*
분류 꿀풀과 / 여러해살이풀
국문명 개박하, 캣닢
원산지 서아시아, 유럽
식물 높이 45cm~1m
사용 부위 잎, 꽃, 줄기
용도 요리, 티, 약용, 공예 등
효능 진정 작용, 숙면, 발한 작용,
　　　해열, 통경 작용 등

금목서
FRAGRANT ORANGE-COLORED OLIVE

**가을의 시작을 알리는
달콤하고 매혹적인 향기**

▶ 금목서꽃

가을에 오렌지색 작은 꽃이 수없이 피어나는 금목서는 달콤하고 짙은 향기가 특징인 작은큰키나무다. 에도 시대에 중국에서 일본으로 전해졌다. 금목서는 암수딴그루이고, 일본의 금목서는 꺾꽂이로 번식되었기 때문에 대부분 수꽃이 피는 수그루이다.

중국에서는 금목서를 포함한 목서속 나무의 말린 꽃을 계화(桂花)라고 부르며 차나 향미료, 정유 추출 등에 이용한다. 차로 마실 때는 녹차나 우롱차 등에 풍미를 내려고 넣는 것이 일반적이며, 정신 안정 및 긴장 완화 효과가 있다. 달콤하고 향긋한 맛이 일품인 계화진주는 백포도주에 꽃잎과 꽃봉오리를 담가 만드는데 양귀비가 즐겨 마셨다는 전설이 있다. 청나라 시대에는 궁궐에서만 만들던 비밀스러운 술이었다.

DATA

학명 *Osmanthus fragrans var. aurantiacus*
분류 물푸레나뭇과
/ 늘푸른 작은큰키나무
국문명 금목서
원산지 중국
식물 높이 5~6m
사용 부위 꽃
용도 티, 공예 등
효능 항산화 작용, 방충, 숙면,
혈행 촉진, 건위, 간 기능
강화, 이뇨 작용 등

▌허브티▐

뜨거운 물을 부으면 달콤하고 진한 향이 부드럽게 퍼진다. 개화 직전의 꽃봉오리가 가장 향기롭다.

🧪 효능

뱃속을 따뜻하게 하여 위의 통증을 없애주고, 입 냄새 예방에도 효과가 있다고 알려졌다.

▲ 금목서로 만든 계화차

▌재배 방법▐ 재배 난이도 : ★★★★☆

· 묘목이 뿌리 내릴 때까지는 흙
표면이 마르면 물을 준다.
· 화분에 심었을 때는 2~3년에
한 번 옮겨 심는다.

	1	2	3	4	5	6	7	8	9	10	11	12
묘목 심기												
개화기												
수확												

클라리세이지
CLARY SAGE

감미로운 홍차 향의
여성을 위한 허브

▶ 클라리세이지 꽃

아로마 오일로 인기 있는 클라리세이지는 키가 1미터 정도까지 성장하는 대형 허브다. 클라리는 '정화'를 뜻하는데, 클라리세이지 씨앗의 점액을 이용하여 눈을 씻은 데서 유래했다. 정유에는 에스트로겐과 비슷한 성분이 함유되어 있어서 생리통이나 월경전증후군 등의 여성들이 겪는 불편한 증상을 개선하는 데에 효과가 있다고 한다. 또한 복부 팽만이나 소화 불량 등에도 이용된다. 은근히 달콤하고 홍차 같은 향기는 긴장이나 불안을 완화하고 마음을 안정시켜 줘서, 그 향기를 활용한 비누와 화장품에 향료로도 쓰인다. 취하게 하는 효과가 있다고 하여, 17세기 영국에서는 맥주 원료인 홉 대용으로 쓰였다고 한다.

🌿 효능(정유)

| 미용 · 건강 |

• 부인과 증상 완화 • 거친 피부, 여드름 • 탈모 예방

🌿 몸 안팎으로 사용 가능

모발이나 피부에 나타나는 증상을 억제하고, 혈행을 촉진하여 냉증이나 어깨 결림을 개선하는 효과가 기대된다. ※ 임신 중, 생리 중, 음주 시에는 사용을 삼간다.

▲ 클라리세이지 정유

재배 방법   재배 난이도 : ★★★★★

• 양지바르고 물 빠짐이 좋은 땅에서 잘 자란다.
• 고온다습에 취약하므로 바람이 잘 통하게 한다.

	1 2 3 4 5 6 7 8 9 10 11 12
씨앗 심기	
개화기	
수확	

DATA

학명 *Salvia sclarea*
분류 꿀풀과 / 두해살이풀
국문명 클라리세이지
원산지 유럽~중앙아시아
식물 높이 30cm~1m50cm
사용 부위 잎, 꽃
용도 미용, 약용 등
효능 진정 작용, 진통, 생리 불순 개선, PMS·갱년기 증상 완화, 모발 선장 촉진 등

물냉이
CRESSON

🍴 ☕

**알싸한 매운맛이 특징인
고기 요리에 빼놓을 수 없는 허브**

▲ 물가에 군생하는 물냉이

▲ 물냉이 잎

번식력이 왕성한 물냉이는 유럽이 원산지로, 현재는 세계 각지의 물가에 무리 지어 자란다. 일본에서 부르는 오란다가라시라는 이름은 메이지 시대에 오란다(네덜란드의 일본식 발음)에서 건너왔다고 하여 붙여진 것이며, 당시에는 일본에 체류하는 외국인용으로 재배되었다. 물냉이의 특징인 상쾌한 향과 매운맛은 무와 고추냉이에도 함유된 이소티오시안산염(Isothiocyanate) 때문이다. 혈액의 산화를 방지하고 고기의 지방을 분해하며 식욕 증진, 식중독 예방 등에 효과가 있어서 육식 문화권에서는 고기 요리에 필수로 곁들이는 향미 채소로 유명하다. 또한 칼슘 등의 미네랄과 비타민도 풍부하게 함유되어 유럽에서는 오래전부터 약초로도 이용해 왔다.

DATA

학명 *Nasturtium officinale*
분류 십자화과 / 여러해살이풀
국문명 물냉이, 크레송
원산지 유럽
식물 높이 30~90cm
사용 부위 잎, 줄기
용도 요리, 티 등
효능 항산화 작용, 빈혈 예방, 소화 촉진, 강장, 해독 작용, 식욕 증진 등

▲ 햄버거에도 곁들여 먹는다.

요리　🌿 식욕을 돋우는 알싸한 매운맛

유럽이나 미국에서는 스테이크나 소테에 고명으로 꼭 곁들이는 허브로 유명하다. 보통은 샐러드로 먹거나 갈아서 수프나 소스로 만들어 먹는다. 일본 요리에 활용할 때는 나물, 튀김으로 만들어 먹거나 된장국에 넣어 먹는다.

재배 방법　　재배 난이도 : ★★★★★

- 수경재배에 적합하며 약알칼리성 물에서 잘 자란다.
- 서늘한 기후를 좋아하기 때문에 여름에는 수온 관리에 신경 쓴다.

	1	2	3	4	5	6	7	8	9	10	11	12
씨앗 심기												
개화기												
수확												

정향
CLOVE

바닐라 같은 맛과 향기의 못 모양 꽃봉오리

▲ 말린 정향 꽃봉오리

▲ 정향 꽃

개화하기 전의 꽃봉오리를 말려서 쓰는 진귀한 허브로 바닐라 같은 달콤한 향기가 난다. 꽃봉오리 생김새가 못과 비슷해서 닮은 한자인 '丁(정)'을 빌려와 정자(丁子)라고도 부른다. 인도와 중국에서는 기원전부터 살균이나 소독에 이용해 왔다. 유럽에서는 오렌지 등의 과일에 정향을 찔러 넣고 시나몬을 뿌려서 말린 프루츠 포맨더(fruit pomander)라는 포푸리를 만들어서 마귀를 쫓는 액막이나 행운의 부적으로 사용하는 풍습이 있다.

진통 및 항균 작용이 뛰어나 치과에서도 국소 마취 등에 쓴다. 또한 한방에서는 방향성 건위제(향미가 있는 약제)로 이용되는데, 뱃속을 따뜻하게 해서 소화를 촉진하고 위장 기능을 조절하며 구역질을 억제한다고 알려졌다.

🌿 고기의 누린내 제거

◆ 요리 ◆

유럽에서는 고기의 누린내를 제거하고 향을 내는 용도로 소시지와 스튜 등의 고기 요리에 흔히 사용한다. 햄버그스테이크나 미트볼에 정향 가루를 넣으면 싸한 맛이 더해진다. 햄 겉면에 격자무늬로 칼집을 내고 정향을 끼워서 오븐에 구워 먹는 로스트 햄도 있다. 과일이나 꿀로 만든 달콤한 소스와 함께 먹으면 잘 어울린다.

※ 임신 중, 수유 중에는 사용을 피한다.

▲ 정향을 끼워 넣은 햄 오븐구이

✦ 재배 방법 ✦ 재배 난이도 : ☆☆☆☆☆

가정에서 재배하기에는 적합하지 않다.

DATA

학명 Syzygium aromaticum
분류 도금양과
　　　 / 늘푸른 작은큰키나무
국문명 정향나무
원산지 인도네시아
식물 높이 5~10m
사용 부위 꽃봉오리
용도 요리, 티, 미용, 약용, 공예 등
효능 살균, 진통, 소화 촉진, 방부 작용 등

무늬월도
SHELL GINGER

**오키나와 향토 요리의
명품 조연**

▲ 조개처럼 생긴 무늬월도 꽃

일본에서는 규슈 남부와 오키나와에서 많이 재배된다. 월도(月桃)라는 이름에는 여러 가지 설이 있는데, 대만의 지명에서 따왔다는 설과 꽃봉오리가 복숭아처럼 생긴 데서 유래했다는 설 등이 있다. 오키나와에서는 길이 40~70센티미터 정도 되는 무늬월도 잎에 무치라는 떡을 싸서 쪄 먹는다. 이밖에도 오키나와에서 흔히 먹는 만주를 찔 때도 사용한다.

　잎에서 채취한 기름은 향이 달콤해서 향료나 아로마 오일로 이용한다. 이완 효과 및 집중력 향상 효과를 기대할 수 있으며 좀약이나 방충제로도 효과가 있다. 또한 무늬월도 열매에는 폴리페놀이 풍부하게 함유되어 있어 미용 효과도 기대된다.

DATA

학명 *Alpinia zerumbet*
분류 생강과 / 여러해살이풀
국문명 무늬월도
원산지 동남아시아, 일본
식물 높이 1~3m
사용 부위 잎, 씨앗, 열매
용도 요리, 티, 미용, 약용 등
효능 스트레스 완화, 건위, 냄새
　　　제거, 정장 작용, 방충 등

🌿 장기 보존 및 향미제로 활용

무늬월도 잎에는 살균 및 방부 효과가 있어서 찹쌀가루를 반죽해서 찐 오키나와 음식 무치를 오래 보관할 때 유용하다. 고기나 생선을 잎에 싸서 쪄 먹는 등 폭넓게 쓰이고 있다.

요리

▲ 무치

재배 방법

재배 난이도 : ★★★☆☆

• 흙 표면이 마르면 물을 흠뻑 준다.
• 겨울에는 실내에서 키운다.

	1	2	3	4	5	6	7	8	9	10	11	12
씨앗 심기												
개화기												
수확												

후추 / 필발
BLACK PEPPER / LONG PEPPER

어떤 요리와도 어울리는
'향신료의 왕'

▲ 필발 열매

▲ 후추 열매

인도 남서부 말라바르 지방이 원산지인 후추는 향이 상쾌하고 매운맛이 적당해서 활용 범위가 넓은 '향신료의 왕'이라고 불린다. 고대 그리스에서는 약용으로, 고대 로마에서는 금은보화에 필적하는 귀중품으로 쓰였다. 일본에는 8세기에 전해졌다. 우리나라에는 고려 시대 때 송나라를 통해 들어온 것으로 추측된다.

같은 후추과 식물이면서 영어로 롱 페퍼라는 이름으로 불리는 필발 역시 인도가 원산지이고, 기원전부터 유럽에 널리 유통되었다. 모두 피페린(Piperine)이라는 매운맛 성분을 함유하고 있다. 인도식 피클이나 아프리카, 동남아시아 음식에 쓰인다. 필발은 아유르베다에서 중요한 약초의 하나로 몸을 따뜻하게 하고 대사를 촉진하는 등의 효과가 알려져 있다.

🌿 만능 조미료

후추는 전 세계에서 고기, 생선, 채소 요리 등에 쓰인다. 냄새 제거를 위해 사용할 때는 요리의 시작 또는 중간에 넣고, 풍미를 살리고 싶으면 요리의 가장 마지막에 첨가한다. 필발도 후추와 동일하게 사용할 수 있다.

┃ 요리 ┃

▲ 통후추와 후춧가루

┃ 재배 방법 ┃ 재배 난이도 : ★★☆☆☆

· 1년 내내 10℃ 이상의 기온을 유지한다.
· 덩굴이 자라면 버팀목을 세운다.

	1	2	3	4	5	6	7	8	9	10	11	12
모종 심기												
개화기												
수확												

DATA

학명 *Piper nigrum* (후추)
　　　Piper longum (필발)
분류 후추과
　　　/ 덩굴성 늘푸른떨기나무
국문명 후추 / 필발
원산지 인도
식물 높이 2~10m
사용 부위 열매
용도 요리, 약용 등
효능 소화 촉진, 식욕 증진, 건위, 온열 작용, 대사 촉진 등

커먼세이지
COMMON SAGE

**항산화 작용이 탁월한
'불로장생 허브'**

▲ 말린 잎

▲ 벨벳 같은 촉감의 잎이 특징이다.

명칭에 '현명한, 사려 깊은'이라는 뜻이 담긴 세이지. 항산화 작용 및 강장 작용이 뛰어나서 고대 그리스·로마 시대부터 약용이나 각종 의식에 쓰였다.

　1세기쯤에 원산지인 지중해에서 영국으로 전해졌으며, 이후에 아메리카대륙으로 전파되어 원주민들도 생약으로 세이지를 사용하게 되었다. 유럽에는 "세이지를 심으면 늙지 않는다"라는 속담이 있고, 옛 아라비아에서도 "정원에 세이지를 심은 자가 어찌 죽을 수 있단 말인가"라고 할 만큼 불로장생을 상징하는 허브로도 매우 유명하다.

　세이지는 요리에도 폭넓게 쓰이는데, 주로 커먼세이지 품종을 사용한다. 생잎보다 말린 잎이 더 향이 진하고 냄새 제거 효과도 뛰어나서 오래전부터 고기를 보존할 때 이용했다. 그래서 소시지의 어원이 세이지라는 설도 있다. 또한 기름기를 잡아주는 효과도 있어서, 기름을 많이 쓰는 고기 요리나 생선 요리에 잘 맞으며 특히 햄버그스테이크나 소테에 안성맞춤이다.

DATA

학명 Salvia officinalis
분류 꿀풀과/늘푸른작은떨기나무
국문명 커먼세이지
원산지 지중해 연안
식물 높이 30~80cm
사용 부위 잎, 꽃
용도 요리, 티, 미용, 약용, 공예 등
효능 살균, 갱년기 증상 완화,
　　　소화 촉진, 항염증, 수렴
　　　작용 등

⚜ 허브티 ⚜ 역사 깊은 허브티

17세기에 아시아로부터 홍차가 수입되기 전까지 유럽에서는 세이지를 일상적으로 즐겨 마셨다. 약간 쓴맛이 있지만 티로 우려내면 상당히 순해진다.

🌿 효능

정신의 피로를 개선하고 집중력과 의욕을 높이는 한편 생리 불순이나 갱년기 증상 같은 여성 질환을 완화하는 효과가 기대된다.

※ 임신 중에는 과도하게 마시지 않도록 주의한다.

▶ 세이지 허브티

RECIPE
말린 세이지 잎(1/2~1큰술)을 찻주전자에 넣고 뜨거운 물을 부어 2~3분 기다린다. 미리 잎을 잘게 빻으면 향이 더 많이 우러난다.

⚜ 요리 ⚜ 소시지 요리에 빠지지 않는 허브

세이지는 고기 요리에 자주 쓰인다. 기름기나 고기 누린내를 없애주므로 기름이 많이 들어가는 요리나 양고기, 내장류에도 넣으면 좋다. 특히 돼지고기와 궁합이 잘 맞아서 소시지에는 빠지지 않는 허브로 유명하다. 다만 향이 너무 강렬해서 소량으로도 충분히 향을 낼 수 있으니 사용량에 주의한다.

▲ 세이지를 넣어 고소하게 구워낸 돼지고기 소테와 으깬 감자

❋ 말려서 보관

쓰고 남은 세이지는 통풍이 잘되는 실내에서 1~2주정도 말리고 방습제를 넣어 밀폐용기에 보관한다. 냉동할 때는 잘게 다진 생잎에 올리브유를 소량 섞고 소분해 두면 쓰기 편하다.

왼쪽) 세이지로 향을 낸 버터 소스는 라비올리와 찰떡궁합
오른쪽) 세이지와 베이컨, 마늘을 끼워 넣은 감자 포일 구이

⚜ 재배 방법 ⚜ 재배 난이도 : ★★★★★

	1	2	3	4	5	6	7	8	9	10	11	12
씨앗 심기												
개화기												
수확												

❋ 주의점

· 물 빠짐과 햇볕이 좋고 영양이 풍부한 땅에서 재배한다.

◀ 샐비어와 닮은 아름다운 꽃이 핀다.

⚜ 미용 · 건강 ⚜

🌿 효능(정유)

· 쇠약, 신경 피로
· 생리 불순, 갱년기 증상
· 기관지염, 감기의 모든 증상
· 식욕 부진

▲ 세이지 비누

❋ 상급 레벨을 위한 정유

날알싸하고 산뜻한 세이지의 향기는 자극이 강하기 때문에 정유로 쓸 때는 대체 식물로 클라리세이지를 사용한다. 기분이 가라앉았을 때, 공부나 일하는 중간중간 사용하면 기분 전환이 된다.

▼ 세이지 정유

※ 임신·수유 중에는 사용을 피한다. 피부에 직접 사용하지 않는다.

고수
CORIANDER

**태국 요리에 빼놓을 수 없는
독특한 향의 고명**

◀ 고수 꽃

◀ 코리앤더 시드라는
이름의 씨앗(열매)

▲ 고수 잎

최근 특색 있는 세계 음식점이 많아지면서 흔히 볼 수 있게 된 고수. 태국어로는 '팍치', 중국어로는 '샹차이' 등 나라마다 다른 이름으로 불리며 향미 채소로 쓰이고 있다. 하지만 독특한 풍미 때문에 호불호가 크게 갈리고, 노린재 냄새에 비유되기도 한다. 일본에는 에도 시대에 포르투갈인을 통해서 전해진 까닭에 포르투갈어 코엔트로(coentro)에서 유래한 '고엔도로'로 불린다. 우리나라에는 고려 시대에 전래된 것으로 추측된다.

역사가 오래되어서 기원전 1500년경 고대 이집트에서 씨앗을 약용이나 식용으로 쓴 기록이 남아 있으며, 고대 그리스와 고대 로마에서는 화장품 및 리큐어의 재료로도 이용되었다.

고수 잎은 동남아시아와 중국, 인도, 중남미, 포르투갈 등에서 고명으로 폭넓게 사용된다.

잎이나 줄기와는 달리 씨앗(열매)은 달고 상쾌하며 감귤계 비슷한 향이 난다. 유럽이나 미국에서는 피클이나 과자, 맥주 등에 향을 낼 때 사용하고, 쿠키나 과일 케이크 등의 구움 과자에도 잘 어울린다. 인도에서는 카레에 빠지지 않는 향신료 가운데 하나이기도 하다.

DATA
학명 Coriandrum sativum
분류 미나릿과 / 한해살이풀
국문명 고수
원산지 지중해 연안
식물 높이 40~60cm
사용 부위 잎, 뿌리, 씨앗(열매)
용도 요리, 티, 미용; 약용 등
효능 항균, 진통, 입 냄새 예방, 구충, 소화 촉진, 정장 작용, 진정 작용, 건위, 해독 작용 등

허브티　알싸한 맛과 향

씨앗 부분을 차로 사용하는데, 맛은 잎과 달리 거북하지 않으며 알싸하고 산뜻하다.

효능

긴장을 풀어주고 소화를 도와서 더부룩한 속을 편안하게 한다. 또한 항균 작용도 있어서 식후 입 냄새 제거나 식중독 예방에도 추천한다.

> **RECIPE**
> 가볍게 으깬 씨앗(2작은술)을 찻주전자에 넣고 뜨거운 물을 부어 뚜껑을 덮고 5분 우린다.

※ 임신·수유 중에는 음용을 피한다.

▶ 고수 밀크티

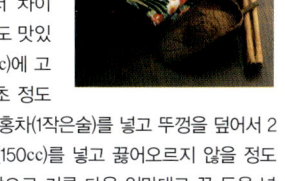

그 밖의 활용법

우유와 홍차를 섞어서 차이 풍의 밀크티로 만들어도 맛있다. 팔팔 끓는 물(150cc)에 고수씨(1/2작은술)를 20초 정도 끓이고 불을 끈 다음, 홍차(1작은술)를 넣고 뚜껑을 덮어서 2분 정도 우린다. 우유(150cc)를 넣고 끓어오르지 않을 정도로만 데우고 차 거름망으로 거른 다음 입맛대로 꿀 등을 넣으면 완성이다.

요리　제대로 된 현지식 요리

고수는 국내에서도 마트 등에서 손쉽게 구할 수 있다. 생으로 고명처럼 활용할 수 있으니 집에서도 제대로 된 현지식 요리에 도전해보자.

동남아시아 요리

태국 요리나 베트남 요리에 고수 생잎을 곁들이면 현지의 맛에 더 가까워진다. 태국 음식에는 똠얌꿍 같은 수프나 녹두 당면 샐러드인 얌운센 등에 마무리로 올라간다. 베트남에서는 월남쌈이나 쌀국수 포, 반미라고 부르는 베트남식 샌드위치의 속 재료로 자주 쓰인다.

▲ 바게트에 고기며 채소, 고수 잎을 끼워 넣은 베트남식 샌드위치 '반미'

멕시코 요리

멕시코 요리에서는 고수 잎을 수프나 소스 등으로 폭넓게 이용한다. 아보카도와 토마토, 양파, 마늘, 라임 과즙, 고수를 돌절구에 넣고 잘 섞어서 맛을 낸 과카몰레(Guacamole)가 대표적이다. 토르티야 칩이나 타코스는 물론 샐러드 및 고기 요리에 곁들여도 맛있다.

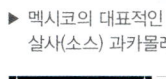

▶ 멕시코의 대표적인 살사(소스) 과카몰레

재배 방법　재배 난이도 : ★★★★☆

	1 2 3 4 5 6 7 8 9 10 11 12
씨앗 심기	
개화기	
수확	

주의점

· 옮겨심기를 싫어하므로 화분이나 화단에 직접 씨를 뿌린다.
· 흙이 마르지 않도록 자주 물을 준다.

▶ 잎이 무성해지면 어린잎부터 수확해서 사용한다.

미용 · 건강

▼ 고수 정유

효능(정유)

· 소화 촉진　· 건위
· 이완 효과　· 항균, 냄새 제거

실내 방향제

항균 작용이 있으므로 직접 만든 방향 스프레이에 첨가하면 실내의 냄새 제거에 도움이 되며, 알싸한 향이 의욕과 집중력을 높여준다.

잇꽃
SAFFLOWER

예로부터 염료로 쓰인
선명한 붉은 꽃

▶ 잇꽃

▼ 말린 꽃

꽃잎에서 붉은 염료를 채취할 수 있다. 기원전에 세워진 고대 이집트 유적에서 잇꽃으로 염색한 천이 발견되는 등 역사가 오래된 허브다.

일본에는 4~6세기경에 실크로드를 통해 전해졌으며, 헤이안 시대에는 지바현에서, 에도 시대에는 야마가타현과 사이타마현에서 활발하게 재배되었다. 일본에서는 베니바나(옛날 이름은 스에쓰무하나)라는 이름으로 친숙하다. 우리나라에 전해진 정확한 시기와 배경을 알 수 없으나, 조선 시대에는 서민들도 밭에서 재배하여 잇꽃 염색을 할 만큼 일반화되었다고 한다.

전래 당시에는 값진 염료의 일종으로 입술연지나 붉은색 식용 물감, 직물의 염료로 다양하게 쓰였으나, 메이지 시대 이후 중국산이 계속 수입되어 일본 내 생산이 급속하게 쇠퇴했다. 잇꽃 염색이나 관상용으로 소량 재배되는 정도다.

근대에 들어 잇꽃 씨앗에서 기름을 추출하게 되면서, 일본에서는 1960년경부터 식용유로 판매하기 시작했다. 이 기름은 잇꽃씨기름 또는 홍화씨유라고 하며, 마가린의 원료로도 쓰인다. 홍화씨유에는 콜레스테롤 수치를 낮추는 리놀레산이 많이 함유되어 건강 면에서도 주목받고 있다.

DATA

학명 Carthamus tinctorius
분류 국화과 / 한해살이 또는
　　　두해살이풀
국문명 잇꽃, 홍화
원산지 이집트
식물 높이 70cm~1m
사용 부위 꽃, 씨앗
용도 요리, 티, 약용, 공예, 염료 등
효능 생리통 경감, 빈혈 예방, 냉
　　　한 체질 개선, 갱년기 증상
　　　개선 등

⚜ 허브티　여성에게 추천하는 허브

오렌지색 허브티의 단맛과 부드러운 향이 마음을 편안하게 해준다.

🍵 효능

생리통이나 생리 불순, 빈혈, 냉증, 갱년기 증상 등 여성 관련 증상을 완화하는 데 효과가 있다.

※ 임신 중에는 음용을 절대 금지한다.

RECIPE
말린 잇꽃(1/2~1큰술)을 찻주전자에 넣고 뜨거운 물을 부어 뚜껑을 덮고 2~3분 우린다.

⚜ 요리　건강에 좋은 홍화씨유

잇꽃 씨앗에서 추출하는 홍화씨유는 정상적인 콜레스테롤 대사가 이루어지도록 작용하는 비타민E, 리놀레산, 올레산과 같은 불포화지방산을 많이 함유하고 있어 동맥경화 치료제 등에도 이용되는 건강한 기름이다. 맛과 냄새가 없어서 사용하기 편리한 것도 장점이다.

▼ 잇꽃 씨앗

▲ 씨앗은 새 먹이로도 이용된다.

✿ 사프란 대용

꽃을 미온수나 찬물에 담가서 우린 황색 추출액은 사프란이 들어가는 요리(사프란 라이스나 파에야 등)라면 무엇이든 대체할 수 있다. 사프란에 비해 쓴맛이 있지만 가격이 현저히 저렴해서 부담 없이 쓸 수 있다.

⚜ 공예　한방약의 원료로 활용

말린 잇꽃을 한방에서는 홍화(紅花)라고 하며, 혈행을 촉진하는 생약으로 인기가 많다. 홍화는 약으로 마시는 약술에도 들어가고 뜸으로도 이용되는데, 이 홍화뜸은 불을 붙이지 않고 몸의 경혈 부위에 바르는 방식이다. 단, 임신 중 생약 사용은 엄격히 금지되어 있다.

⚜ 재배 방법　재배 난이도 : ★★★★☆

	1	2	3	4	5	6	7	8	9	10	11	12
씨앗 심기												
개화기												
수확												

▲ 수확 기준은 꽃이 노란색에서 붉은색으로 바뀔 즈음이다.

✿ 주의점

· 양지바르고 바람이 잘 통하는 곳에서 재배한다.
· 가을에 파종해야 포기가 크고 꽃이 많이 달린다.

◀ 한방약의 원료가 되는 말린 꽃

사프란
SAFFRON

하나씩 하나씩 수작업으로
따서 모은 고가의 향신료

◀ 사프란 암술　　　　　　▲ 사프란꽃

서남아시아와 지중해 연안을 원산지로 하는 사프란은, 이름의 어원이 노란색을 뜻하는 아랍어 자파란(zafaran)에서 유래했다는 설이 있다. 고대 인도에서는 향신료로써, 고대 그리스와 고대 로마에서는 향수의 원료로 귀하게 다뤘으며, 고대 이집트에서는 클레오파트라가 즐겨 쓴 화장품에도 들어갔다고 한다. 현재도 향신료, 염료, 향료, 약용으로 쓰이고 있다.

에도 시대 말기에 남만무역을 통해 일본으로 전해졌고 메이지 시대 후반부터는 일본 전역에서 생산되었다. 현재는 오이타현 다케다시에서 일본 내 생산량의 대부분을 재배한다. 세계적으로는 주로 이란, 스페인, 그리스 등지에서 활발히 재배되고 있다.

고대로부터 사프란 향신료는 암술을 건조해서 만드는데, 이 암술을 1킬로그램 수확하기 위해서는 수만 개의 알뿌리가 필요하다. 그래서 1그램당 가격이 매우 비싼 허브로도 유명하다. 그런데도 사프란 특유의 풍미와 색은 여전히 높은 인기를 자랑하며 지중해 연안 요리에 빼놓을 수 없는 향신료가 되었다.

DATA

학명 Crocus sativus
분류 붓꽃과 / 여러해살이풀
국문명 사프란
원산지 서남아시아, 지중해 연안
식물 높이 10~20cm
사용 부위 꽃(암술)
용도 요리, 티, 미용·약용, 공예,
　　　염료 등
효능 진정 작용, 복부 경련 완화,
　　　통경 작용, 혈행 개선 등

| 재배 방법 | 재배 난이도 : ★★★★☆ |

	1 2 3 4 5 6 7 8 9 10 11 12
모종 심기	
개화기	
수확	

왼쪽) 암술 따는 작업
오른쪽) 사프란 밭

🌿 주의점
- 햇볕과 물 빠짐이 좋은 장소를 고른다.
- 알뿌리를 심은 후에는 조금 건조하게 관리한다.

요리　식욕을 돋우는 선명한 색과 독특한 향

특유의 향은 어패류와 잘 어울리며 물에 녹이면 선명한 노란색을 띤다. 프랑스 프로방스 지방의 명물 요리인 부야베스나 스페인 요리 파에야, 이탈리아의 밀라노식 리소토, 모로코 음식 쿠스쿠스, 인도 요리 사프란 라이스 등등, 지중해 연안 요리에는 빠지지 않는 향신료다.

※ 임신 중에는 사용을 삼간다.

▲ 이란에서 차이를 마실 때 쓰는 사프란이 들어간 설탕, 사프란 락 캔디

▼ 사프란을 넣어 반죽한 스웨덴 빵 루세카터(Lussekatter)

▲ 대표적인 스페인 음식 파에야

▼ 닭고기, 사프란, 요구르트, 쌀을 넣어 만드는 페르시아 요리 타친(Tah-Chin)

🌸 파티나 기념일 등 특별한 날에 사용

사프란은 매우 비싼 향신료여서, 산지에서도 주로 축제나 기념일 등 특별한 날에 먹는 음식에 쓰인다. 예를 들면 콩과 토마토를 넣고 끓인 모로코의 전통 스튜 하리라(Harira)는 이슬람교에서 종교적으로 단식을 하는 라마단이 끝날 때 반드시 먹는 요리다. 평소에는 사프란 대신 강황 등을 넣는 집이 많지만, 라마단 후에는 호화롭게 사프란을 쓴다고 한다.

◀ 모로코의 전통 스튜 하리라

초피나무
JAPANESE PEPPER

일본인에게 오랫동안 사랑받은
작지만 자극적인 향신료

◀ 초피나무 열매

▲ 말린 초피나무 열매

찌릿찌릿 마비되는 듯한 자극적인 매운맛의 초피나무는 운향과 초피나무속의 떨기나무
다. 조몬(석기) 시대 유적에서 출토한 토기에서 초피나무 열매가 발견되었을 만큼 일본에
서는 오래전부터 향신료 및 약용으로 이용해 왔다.

　잘 익은 열매의 껍질을 말려서 빻은 초피가루는 뱀장어 양념구이의 잡내를 제거하거나,
매콤한 조미료인 시치미토가라시의 재료로 쓰인다. 어린잎과 꽃, 열매도 식용할 수 있고
주로 향토 요리에 이용된다. 나무껍질이나 열매껍질은 한방에서 사용하며, 식욕 부진 및
소화 불량을 개선하는 효과를 기대할 수 있다.

　전통적으로 진통, 구충에도 이용되었고, 벌에 쏘였을 때는 잎을 비벼서 붙이면 통증이
가라앉는다고 한다. 중국에서는 같은 초피나무속이지만 종이 다른 화자오(花椒)를 사용한다.

DATA
학명 *Zanthoxylum piperitum*
분류 운향과 / 갈잎떨기나무
국문명 초피나무
원산지 일본, 중국, 한국
식물 높이 2∼5m
사용 부위 잎, 꽃, 열매, 열매껍질
용도 요리, 약용 등
효능 건위, 진통, 구충, 발한 작
　용 등

🌱 식욕이 돋는 상쾌한 매운맛

요리

초피나무의 어린잎은 지라시초밥 등에 색과 향을 더하
는 용도로 쓰인다. 열매를 빻아 만든 초피가루를 기름
기 많은 요리에 사용하면 음식이 담백해진다.

▲ 초피가루를 뿌린 마파두부

재배 방법　재배 난이도 : ★★★☆☆

• 배수가 잘되고 영양이 풍부한
　흙에서 키운다.

• 뿌리가 얕게 뻗으므로 여름철
　에는 건조하지 않게 신경 쓴다.

	1	2	3	4	5	6	7	8	9	10	11	12
모종 심기												
개화기												
수확												

시나몬
CINNAMON

과자와 홍차를 빛내는
신비롭고 이국적인 향

▼ 나무껍질을 봉 모양으로 둥글게 만
  시나몬 스틱과 시나몬 가루

▲ 시나몬 잎

달콤하고 이국적인 향기의 시나몬은 세계에서 가장 오래된 향신료 가운데 하나로, 고대 이집트에서는 미라의 방부제나 각종 의식 등에 이용되었다.

향신료로 쓰이는 시나몬은 실론 계피나무 또는 카시아 육계나무 껍질로 만들며, 서양과 자와 음료의 향미증진제나 정유 등으로 사용된다. 일본에는 8세기경에 건조 시나몬이 처음 전해졌으며, 일본 왕실의 보물창고인 쇼소인(正倉院)에 보물로 바쳐졌다. 한편 시나몬과 매우 비슷한 계피는 우리나라와 일본 등지에 자생하는 생달나무의 뿌리껍질을 말려서 만든 것을 가리키며, 생약으로 쓰인다.

계피의 약효는 매우 광범위해서 많은 한방약에 배합된다. 몸을 따뜻하게 하고 신진대사를 촉진하는 작용이 있어서 감기 예방에도 도움이 된다.

🌿 디저트나 음료에 활용
요리

잼과 파이, 케이크와 도넛 등에 넣으면 냄새가 더 좋아진다. 디저트에 토핑으로 쓸 때는 설탕과 섞어서 시나몬 설탕으로 만들어 올리면 쓴맛이 줄어들어서 먹기 편해진다. 카레나 고기 요리에도 들어가고, 홍차나 카푸치노에 시나몬 스틱을 티스푼 대신 사용하면 풍미가 좋아진다. ※ 임신 중에는 사용하지 않는다.

▲ 시나몬롤

재배 방법 재배 난이도 : ☆☆☆☆☆
· 우리나라 및 일본의 재배 환경에 적합하지 않다.

DATA

학명 *Cinnamomum verum*
분류 녹나뭇과/늘푸른큰키나무
국문명 계피나무
원산지 중국, 인도, 스리랑카
식물 높이 3~15m
사용 부위 나무껍질
용도 요리, 티, 약용, 공예 등
효능 항균, 발한 작용, 소화 촉진,
    감기 증상 완화, 건위 등

소엽
SHISO

**일본 음식에 빼놓을 수 없는
일본에서 가장 친근한 허브**

▲ 덜 여문 열매가 달린 이삭은
고명으로 쓰인다.

◀ 청소엽 잎

일본 요리의 고명이나 매실장아찌 등으로 흔하게 볼 수 있는 일본을 대표하는 허브의 하나다. 중국에서는 오래전부터 생약으로 이용했으며 일본에서는 헤이안 시대(794~1185)부터 재배하기 시작했다. 소엽의 품종은 여러 가지인데 잎과 줄기가 자줏빛인 자소엽, 녹색을 띠는 청소엽(대엽), 잎이 쭈글쭈글한 주름소엽(참소엽)이 가장 대중적이고, 우리나라 요리에 쓰이는 들깻잎 역시 소엽과 같은 들깨속에 포함된다.

전체에서 풍기는 청량한 향기에는 식욕 증진과 살균, 방부 효과가 있어서, 잎이나 꽃이삭을 생선회와 생선 초밥 등의 고명으로 많이 이용한다. 하지만 채소 그 자체로서 튀김이나 절임으로 만들어 먹는 것도 좋은 방법이다.

한방에서는 잘 익은 열매를 소자(蘇子)라고 해서 기침이나 천식, 변비 등을 치료하는 데 사용한다. 말린 자소엽 잎은 초조감 같은 자율신경계의 이상을 다스리는 생약으로 알려져 있다. 최근에는 자소엽 잎에 많이 함유된 폴리페놀 성분인 로즈마린산(Rosmarinic acid)에 면역반응을 정상으로 유지하여 화분증 등의 알레르기 증상을 개선하는 효과가 있다는 사실이 알려져서 건강식품 등에도 이용되고 있다.

DATA

학명 Perilla frutescens
분류 꿀풀과 / 한해살이풀
원산지 중앙아시아
국문명 소엽
식물 높이 60cm~1m
사용 부위 잎, 꽃이삭, 열매
용도 요리, 티, 약용 등
효능 식욕 증진, 이뇨, 발한 작용, 진해, 건위, 정신 안정, 항균, 항알레르기 등

허브티 — 풍미가 좋아서 마시기 편하다

소엽은 생잎이나 말린 잎 모두 허브티로 마실 수 있다. 맛은 산뜻하여 마시기 편하고, 약효는 자소엽이 높다.

효능
발한 작용 및 식욕 증진, 이완 효과가 있어서 감기에 걸렸을 때나 긴장을 풀고 싶을 때 마시면 좋다. 청소엽의 상쾌한 향이 마음을 따뜻하게 한다.

> **RECIPE**
> 찻주전자에 녹차와 생 청소엽 1장을 넣고 뜨거운 물을 부어 뚜껑을 덮고 2~3분 정도 우린다.

▶ 자소엽 주스

그 밖의 이용 방법
자소엽에 레몬을 넣어 상쾌하고 새콤한 주스를 만든다. 냄비에 물(1리터)을 끓이고 씻어서 물기를 제거한 자소엽(500g)을 넣는다. 거품을 떠내면서 5~10분 정도 끓이고 잎이 녹색으로 변하면 잎을 짜서 건져낸다. 남은 국물에 설탕이나 꿀(100g)을 넣고 불을 끈 다음 레몬 과즙(50ml)을 넣는다. 물이나 탄산수로 희석하면 맛있다.

요리 — 다양한 요리에 폭넓게 사용

음식의 고명이나 생선회의 곁들이로 자주 쓰이지만, 바질처럼 잘게 다져서 파스타와 샐러드, 고기 요리 등에 다양하게 응용할 수 있다. 농약이나 벌레가 있을 수도 있으니 조리하기 전에 잠시 물에 담가 두었다가 흐르는 물로 비비면서 씻는다.

▶ 자소엽과 가지절임

자소엽은 절임으로 활용법
청소엽에 비해서 요리에 자주 쓰이지 않지만, 산이 첨가되면 선명한 붉은색이 배어 나온다. 그 색과 향을 활용해서 매실이나 가지, 오이로 절임을 만든다. 또한 잎만 소금에 절여서 주먹밥에 김 대신 사용할 수 있다.

◀ 청소엽 잎 튀김

기름진 음식 또는 고기 요리에 활용
청량감 있는 청소엽은 면류나 생선회에 고명으로 쓰이는데, 튀김이나 교자처럼 기름진 요리와도 잘 어울린다. 또한 들깻잎도 고기와 생선의 비린내를 잡아줘서, 우리나라에서는 찌개나 불고기에 넣고 절여서도 먹는다.

▶ 들깻잎을 넣은
우리나라의 감자탕

◀ 잎이 질겨지므로 직사광선을 너무 오래 쩌지 않게 한다.

재배 방법 — 재배 난이도 : ★★★★★

	1	2	3	4	5	6	7	8	9	10	11	12
씨앗 심기				▬	▬							
개화기								▬	▬			
수확					▬	▬	▬	▬	▬			

주의점
- 30cm 정도 자랐을 때 새싹을 따면 곁눈이 나와서 잎을 많이 수확할 수 있다.
- 건조에 약하므로 가능하면 매일 물을 준다.
- 벌레가 계속 꼬이면 방충망 등을 씌워 둔다.

생강
GINGER

**온열 및 살균 효과가 뛰어난
생활 속 필수 허브**

▼ 생강의 뿌리줄기

▶ 지상부는 가늘고 길게 자란다.

생강은 일본 음식에 **빼놓을** 수 없는 향신료이자, 식용 및 생약으로 이용되는 가장 친숙한 허브 가운데 하나이다. 기원전 300~500년 인도에서 이미 식용되었을 만큼 기원이 오래되었으며, 중국에서도 기원전 480년경에 사용한 기록이 확인되었다. 일본에는 2~3세기에 중국으로부터 전해졌고, 《고사기》에도 내용이 남아 있다. 우리나라에 도입된 시기는 알 수 없으나, 고려 시대 문헌 《향약구급방》에 약용 식물로 기록되어 있다.

동남아시아에서는 산스크리트어인 스링가베람(srngaveram)으로 불렸고, 점점 발음이 바뀌어 가다가 지중해 건너 영국에서 진저라는 이름을 갖게 되었다.

주로 뿌리줄기를 이용하며 맛에 포인트를 주는 역할을 할 뿐만 아니라, 살균 작용이 강한 진저론(Zingerone)과 쇼가올(Shogaol)이라는 성분을 함유하고 있어서 고기나 생선의 잡내를 제거하는 데도 사용된다. 생선 초밥에 곁들이는 초생강은 이러한 살균 성분을 효과적으로 활용한 예다.

생강의 말린 뿌리줄기는 생약으로써 많은 한방약에 쓰인다. 발산 작용, 건위 작용 등이 있고 특히 한기를 동반한 감기 초기 증상이나 복부의 냉증으로 인한 소화 기능의 저하를 개선하는 데 도움이 된다.

DATA

학명 Zingiber officinale
분류 생강과 / 여러해살이풀
국문명 생강
원산지 열대 아시아
식물 높이 60cm~1m
사용 부위 잎, 뿌리줄기
용도 요리, 티, 미용, 약용 등
효능 혈행 촉진, 구토 억제, 살균, 건위, 발한 작용, 감기 증상의 완화 등

▲ 생강차

허브티 : 마시기 좋게 단맛 추가

아릿한 매운맛이 특징으로, 레몬이나 꿀을 넣으면 마시기 편하다.

🧪 효능

일본에서는 오래전부터 감기에 걸렸을 때 생강차를 마시는 습관이 있는데 몸을 따뜻하게 하고 구토를 억제하는 효과가 있다.

🌸 그 밖의 이용 방법

요리하고 남은 생강 껍질로도 차를 만들 수 있다. 홍차 잎과 생강 껍질을 찻주전자에 넣고 뜨거운 물을 부어 2~3분 기다린 다음 차 거름망으로 거르면 완성이다.

RECIPE
말린 생강(1/2~1큰술)을 찻주전자에 넣고 뜨거운 물을 부어 2~3분 기다린다.

※ 임신 중에는 음용을 피한다.

요리 : 음식 맛을 돋워주는 독특한 풍미

일본 요리나 중국 요리에서는 생선이나 고기의 잡내 제거용으로 생강을 많이 이용한다. 이밖에도 조림, 볶음, 수프에 집어넣어서 특유의 풍미를 살린다. 또한 설탕이나 꿀과도 잘 어울려서 디저트에도 사용된다.

※ 임신 중에는 사용을 피한다.

▶ 생강 설탕절임

▲ 생강 쿠키

🌸 서양의 생강 활용법

아시아에서는 생으로 사용하는 경우가 많지만 서양권에서는 주로 분말을 이용한다. 특히 진저브레드 맨이라는 인형 모양으로 구워내는 생강 쿠키는 트리 장식으로도 사용되는 크리스마스 필수 아이템이다.

◀ 진저브레드 맨과 크리스마스 장식 쿠키

재배 방법 : 재배 난이도 : ★★★☆☆

	1	2	3	4	5	6	7	8	9	10	11	12
모종 심기			▬	▬	▬							
개화기								▬	▬			
수확							▬	▬	▬	▬		

🌿 주의점

· 햇볕이 잘 들고 보습성이 있는 흙에서 키운다.
· 낮은 온도와 건조에 주의한다.

◀ 인도의 생강밭

미용 · 건강

🧪 효능(정유)

· 신경 쇠약, 신경 피로 · 감기, 독감
· 구역질, 멀미 · 근육통, 관절염

◀ 생강 비누

🌸 피부 관리

생강 정유는 혈행이나 신진대사가 원활하지 않은 피부에도 효과적이다. 추운 날에 입욕제로 사용하고, 피부 관리 용품을 직접 만들어보는 것도 추천한다. 다만 자극이 강하므로 아주 연하게 희석해서 사용한다.

▶ 생강 정유

스테비아
SWEETLEAF

**'성스러운 풀'로 숭상되는
천연 감미료**

▲ 씹으면 단맛이 나는 스테비아 잎

파라과이 원주민 과라니족이 '성스러운 풀'로 숭상한 허브로, 감미도가 설탕의 약 300배
나 된다고 알려졌다. 과라니족은 스테비아를 감미료로써 뿐만 아니라 고혈압, 속쓰림, 요
산 수치 강하 등의 치료 목적으로 사용했다고 한다. 소량으로도 충분한 단맛이 나기 때문
에 섭취되는 열량이 거의 없어서, 현재 일본에서는 주로 다이어트 식품이나 유난히 단맛
이 강한 규슈 지방의 간장 등에 사용되고 있다.

생잎에는 특이한 풋내가 있어서, 주로 시럽이나 말린 잎 등으로 가공하여 사용한다. 감
미료 이외에도 줄기 부분을 건강음료나 화장품에 활용한다.

DATA
학명 *Stevia rebaudiana*
분류 국화과 / 여러해살이풀
국문명 스테비아
원산지 남아메리카
식물 높이 50cm~1m
사용 부위 잎, 줄기
용도 요리, 티, 미용, 약용 등
효능 건위, 혈당값 조절, 숙취 해
소, 정신 피로 해소 등

허브티
※ 국화과에 알레르기가 있는 사람은 섭취하지 않는다.

스테비아 찻잎은 한 잔에 1/3
작은술 정도면 충분히 단맛
이 나므로 다른 허브티에 단
맛을 낼 때 넣는다.

효능
건위, 숙취, 정신 피로 등에
효과가 기대된다.

▲ 스테비아로 만든
감미료

재배 방법
재배 난이도 : ★★★☆☆

· 햇볕이 잘 들고 한여름에는 바
람이 잘 통하는 장소가 가장 좋다.
· 흙 표면이 말랐을 때 물을 듬뿍
주면 좋다.

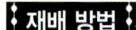

	1	2	3	4	5	6	7	8	9	10	11	12
씨앗 심기												
개화기												
수확												

세이보리
SAVORY

콩 요리에 없어서는 안 될
'콩을 위한 허브'

▲ 서머 세이보리

▲ 윈터 세이보리

대략 30종 정도 되는 세이보리 중에서도 한해살이풀인 서머 세이보리와 여러해살이풀인 윈터 세이보리가 허브로써 널리 이용된다. 두 종류 모두 고대 그리스·로마 시대부터 재배되었고, 중세 유럽에서부터는 요리용 허브로 활발하게 사용되기 시작했다.

 고기나 생선의 잡냄새 제거에 활용할 수 있으며, 특히 콩 요리와 궁합이 좋다. 또한 매운맛도 나고 쌉쌀하기도 해서 맛에 포인트를 주기에도 제격이다. 이렇게 요리용 향신료로써는 윈터 세이보리보다 향이 강한 서머 세이보리가 더 인기 있고 보편적으로 쓰인다.

콩 요리는 물론
고기 누린내 제거에도 사용

요리

특유의 강렬한 향기와 후추 같은 매운맛, 쌉싸래함이 콩 요리의 맛을 돋워주어 유럽에서는 '콩을 위한 허브'라고 부르며 온갖 콩 요리에 사용한다. 어린잎은 장식용으로 수프나 소시지 등에 곁들이기도 한다. 생잎 또는 말린 잎을 담가서 식초로 만들어도 괜찮다.

▲ 고기 요리의 냄새 제거

재배 방법

재배 난이도 : ★★★★☆

• 양지바른 곳을 좋아하지만 반 음지에서도 충분히 자란다.

	1	2	3	4	5	6	7	8	9	10	11	12
씨앗 심기				▬	▬	▬						
개화기							▬	▬	▬			
수확					▬	▬	▬	▬	▬	▬		

DATA

학명 *Satureja hortensis*(서머)
　　　Satureja montana(윈터)
분류 꿀풀과 / 한해살이풀(서머)
　　　/ 여러해살이풀(윈터)
국문명 세이보리
원산지 지중해 연안
식물 높이 10~60cm
사용 부위 잎, 꽃, 줄기, 씨앗
용도 요리, 티, 미용, 약용, 공예 등
효능 소화 촉진, 건위, 정장 작용, 강장 작용 등

미나리
WATER DROPWORT

헤이안 시대 궁중 행사에 쓰인
유서 깊은 일본의 야생초

▶ 미나리 잎

미나리는 물(水)이 변화한 '미'와 풀을 뜻하는 '나리'가 합쳐져서, 물에서 자라는 풀이라는 뜻에서 유래했다고 한다. 봄을 대표하는 일곱 가지 푸성귀 가운데 하나로 일본에서는 오래전부터 식용해 왔으며, 헤이안 시대에는 궁중 행사에도 쓰였다. 우리나라에서는 조선 전기에 편찬된 역사서 《고려사》에 미나리 관련 기록이 있는 것으로 미루어, 고려 시대부터 식용되었을 것으로 짐작된다. 동양에서는 2000년 전부터 먹어왔으나 서양에서는 미나리를 먹지 않는다. 미나리 잎과 줄기를 말린 것이 수근(水芹)이라고 하는 생약이다. 전통적으로 달여서 마시면 해열 및 신경통, 식욕 증진 등에 효과가 있다고 한다.

헤이안 시대에 '미나리 따기'라는 말이 시의 관용구로 쓰였다. 이는 한 하층계급의 남자가 신분 높은 여인이 미나리를 먹는 모습을 보고 미나리를 따다가 마음을 전하려고 했으나 수포가 되었다는 이야기에서 비롯된 표현으로, 헛된 사랑이나 뜻대로 되지 않는 일을 가리킨다.

DATA

학명 Oenanthe javanica
분류 미나릿과 / 여러해살이풀
국문명 미나리
원산지 일본
식물 높이 20~40cm
사용 부위 잎, 줄기, 뿌리
용도 요리, 약용 등
효능 빈혈 예방, 항산화 작용, 피부 미용, 식욕 증진 해열 등

🌸 단순한 요리나 고기 요리에 활용 　요리

무침이나 된장국 등 미나리의 풍미가 돋보이는 음식에 쓰인다. 고기의 누린내를 없애는 효과도 있어서 오리 전골같이 고기가 들어가는 전골류에 잘 어울린다. 뿌리는 튀김으로 만들거나 채 쳐서 우엉처럼 볶아 먹으면 맛있다.

▲ 야생초를 넣어 만든 죽
'나나쿠사가유'

재배 방법　재배 난이도 : ★★★☆☆

· 씨앗의 발아율이 낮아서 보통은 모종을 심어 기른다.

	1	2	3	4	5	6	7	8	9	10	11	12
모종 심기			▬▬									
개화기								▬				
수확						▬▬						

센티드제라늄
SCENTED GERANIUM

풍성한 향기에 힐링 되는 일명 '향기 제라늄'

◀ 가장 대표적인 로즈 제라늄

펠라르고늄속 식물 중에서 특히 향기가 좋은 종류를 통틀어 센티드제라늄이라고 한다. 로즈, 애플, 레몬, 페퍼민트, 시나몬 등 수많은 종류가 있으며 각각 향이 다르다. 가장 대표적인 로즈 제라늄은 장미를 연상시키는 향기로 아로마 요법에서도 널리 쓰이고 있다. 로즈 제라늄에 함유된 시트로넬랄(Citronellal) 성분에는 방충 효과가 있다고 알려졌다.

제라늄은 그리스어로 학을 뜻하는 제라노스(geranos)에서 유래했으며 열매 모양이 학 부리와 닮았다고 해서 붙여진 이름이라고 한다. 여기에 향기롭다는 뜻의 센티드(scented)가 붙어서 센티드제라늄이 되었다.

🌿 향과 색을 더하다

❚ 요리 ❚

잎은 젤리 등의 디저트에 장식으로 올리거나, 케이크 같은 구움과자와 홍차에 향을 더할 때 사용한다. 먹을 수 있는 꽃잎은 샐러드나 디저트에 뿌리면 색감이 화려해진다.

※ 임신 중에는 사용을 피한다.

▲ 요거트의 토핑으로 활용

❚ 재배 방법 ❚   재배 난이도 : ★★★★★

· 햇볕과 통풍이 좋은 장소에서 키운다.
· 화분에 심었을 때는 흙이 마르면 물을 듬뿍 준다.

	1	2	3	4	5	6	7	8	9	10	11	12
모종 심기												
개화기												
수확												

DATA

학명 *Pelargonium*
분류 쥐손이풀과 / 여러해살이풀
국문명 센티드제라늄
원산지 남아프리카
식물 높이 20cm~1m
사용 부위 잎, 꽃
용도 요리, 티, 미용, 약용, 공예 등
효능 미용 효과, 항균 작용, 항염증, 호르몬 균형 회복, 방충 등

세인트존스워트
ST.JOHN'S WORT

**침울한 기분을 가볍게 풀어주는
'성 요한의 풀'**

▲ 감귤류 향 비슷한 꽃이 핀다.

유럽에 자생하는 식물로, 기독교 축일인 성 요한의 날(6월 24일) 즈음에 피기 시작하는 꽃을 수확한 데서 유래한 이름이다. 고대 그리스 시대부터 베인 상처나 화상 치료, 정신을 안정시키는 민간약으로 사용되었다.

주로 꽃이나 잎을 말려서 허브티로 마신다. 그리고 세인트존스워트를 식물성 캐리어 오일에 몇 주 정도 담가 만든 침출유를 마사지나 햇볕에 탄 피부 관리에 이용할 수도 있다. 또한 침울한 감정을 개선하는 효과가 확인되었고, 항우울제보다 부작용이 적어서 가벼운 우울증이나 불안장애 치료제로 처방하는 국가도 있다고 한다.

DATA
화학명 *Hypericum perforatum*
분류 물레나물과 / 여러해살이풀
국문명 서양고추나물
원산지 유럽, 중앙아시아,
  북아프리카
식물 높이 30~80cm
사용 부위 잎, 꽃, 줄기
용도 티, 미용, 약용 등
효능 항우울, 항균 작용, 항염증,
  진정 작용, 수렴 작용 등

허브티 ※ 임신 중에는 음용을 피하고, 약을 복용 중인 사람은 의사와 상담한다.

향은 약하지만 쌉싸름하고 산뜻한 맛이 난다. 민트나 생강, 루이보스 티 등과 섞어 마셔도 좋다.

효능
긴장이나 불면을 완화하고, 월경전증후군(PMS)으로 인한 초조감을 개선하는 효과를 기대할 수 있다.

◀ 잎, 꽃을 말린 찻잎

재배 방법 재배 난이도: ★★★☆☆

• 땅속줄기가 퍼져나가기 때문에 화분에 심는 편이 관리하기 쉽다.
• 햇볕과 물 빠짐이 좋은 장소에 심는다.

	1	2	3	4	5	6	7	8	9	10	11	12
씨앗 심기												
개화기												
수확												

수영
SORREL

프랑스에서 사랑받는 새큼한 허브

▶ 가늘고 긴 화살촉 모양의 잎이 특징

▲ 부드러운 어린잎을 수확하여 쓴다.

잎에 강한 산미가 있어서 일본에서는 '새큼한 잎'이라는 는 뜻의 스이바라고 부른다. 유럽 및 아시아가 원산지로, 고대 이집트와 그리스에서는 식용뿐만 아니라 약초로써 이뇨 작용, 해열, 화상 치료에 썼다고 전해진다.

유럽에서는 잎채소로 다양한 요리에 이용되는데 특히 프랑스에서는 수프며 샐러드, 고기 요리의 고명이나 소스 등에 자주 쓰이고, 신맛이 순한 재배종도 함께 유통된다. 산을 많이 함유한 특성으로, 잎에서 낸 즙을 은 제품의 녹 제거에 사용하기도 한다.

한편 수영에는 옥살산(Oxalic acid)이 다량 함유되어 있어서 과잉 섭취하면 중독될 우려가 있으므로 주의해야 한다.

🌿 음식에 포인트 주기

🔪 요리

레몬 같은 신맛이 나는 잎을 고기와 생선 요리 등에 조금 넣으면 풍미가 풍부해져서 효과적이다. 또한 잘게 썰어서 샐러드에 토핑으로 올리면 드레싱을 대신할 수도 있다.

※ 산성이 강하니 철제 칼이나 냄비는 사용하지 않는다.

▲ 수영과 베이컨, 파프리카 샐러드

재배 방법
재배 난이도 : ★★★★★

- 반음지의 매우 기름진 흙에 심는다.
- 건조해지지 않도록 적당한 습기를 유지한다.

DATA
학명 *Rumex acetosa*
분류 마디풀과 / 여러해살이풀
국문명 수영
원산지 유럽, 아시아
식물 높이 50cm~1m
사용 부위 잎, 줄기
용도 요리, 미용, 약용 등
효능 해열, 이뇨 작용, 수렴 작용, 변비 등

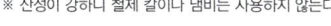

	1	2	3	4	5	6	7	8	9	10	11	12
씨앗 심기												
개화기												
수확												

강황
TURMERIC

카레에 빼놓을 수 없는 황금색 향신료

▶ 뿌리줄기 부분을 사용한다.

▲ 선명한 오렌지색이 특징인 가을 강황

강황은 카레의 향신료이자 염료로써 매우 친숙한 허브의 일종이다. 터메릭이라는 영영문명은 라틴어로 눈부신 대지를 뜻하는 테라메리타(terramerita)에서 유래했으며, 오래전부터 다양한 효능과 영양이 있는 약초로 높은 평가를 받았다.

원산지인 인도에서는 기원전부터 이미 강황의 약효가 널리 알려져서, 약 5000년의 역사를 지닌 인도의 전통 의술 아유르베다에서도 강황이 사용되고 있다. 또한 관혼상제에는 강황으로 염색한 노란색 옷을 입는 등 신성하게 다루었다.

일본에 약용으로 전파된 시기는 무로마치 시대 이전으로 추정되며, 그 후 17세기 중반에 류큐(현재의 오키나와현)에서 재배하기 시작했다. 일본에서는 우콘이라고 부르는데, 이것은 울금에서 유래한 이름이다. 우리나라에서는 뿌리줄기에 달리면 강황, 덩이뿌리에 달리면 울금으로 구분한다.

강황은 요리에서도 다방면으로 활약하는데, 독특한 향이 고기나 생선의 잡냄새를 제거하고 매운맛은 향신료로, 색은 색감을 부여하는 용도로 쓰인다. 아울러 최근에는 간 기능 관련 증상의 개선 효과에 주목하여 파우더와 정제 타입, 음주 전에 마시는 드링크제 등의 상품이 많이 나와 있다.

DATA

학명 *Curcuma longa*
분류 생강과 / 여러해살이풀
국문명 강황
원산지 인도, 열대 아시아
식물 높이 60cm~1m
사용 부위 뿌리줄기
용도 요리, 티, 미용, 약용 등
효능 간 기능 촉진, 변비 해소, 동맥경화 개선, 건위, 정신 고양, 혈액 정화, 항산화 작용, 항염증 등

❖ 그 밖의 이용 방법 ❖ 힌두교 사회에 꼭 필요한 필수품

힌두교에서 신성한 식물로 여겨지는 강황. 사악한 존재의 접근을 막아주는 신비한 힘이 있다고 믿어서, 몸에 지니는 부적이나 의식에 사용되는 실 등은 강황으로 염색한다.

◀ 말린 강황과 강황 가루

강황은 오래전부터 인도의 결혼식에서 중요한 역할을 해왔는데, 신랑 신부가 몸에 강황 가루를 바르고 강황으로 불을 지펴서 결혼을 축복했다고 한다. 또한 기미 예방 등의 미용 효과가 있다고 알려져서 여성들이 화장품 대신 강황을 얼굴에 바르기도 하는 등 식문화를 포함한 생활 전반에서 다양하게 이용되고 있다.

▶ 몸에 강황 페이스트를
바르는 힌두교 신부

❖ 요리 ❖ 현대의학에서도 인정한 약효

카레 가루의 원료에 빠질 수 없는 향신료이고, 가장 큰 특징은 요리를 돋보이게 하는 선명한 노란색이다. 이 색소는 커큐민(Curcumin)이라는 유효성분으로, 담즙 분비를 촉진하고 간의 해독 작용을 강화하는 효능이 있다고 하며, 그 유효성이나 안전성에 대해서는 현재도 연구되고 있다.

▼ 천으로 두부를 감싸서 강황 국물에 삶은 중국의 '황두부'

왼쪽) 태국 요리에서도 카레나 어패류 수프에 자주 쓰인다. 오른쪽) 강황과 요구르트에 재워 구운 인도의 닭꼬치 치킨 티카(Chicken tikka)

❀ 동남 아시아, 인도 요리에 활용

인도 요리와 태국 요리를 비롯한 열대 아시아의 식문화에서 빼놓을 수 없는 존재다. 생선, 쌀, 소고기, 닭고기, 튀김이나 볶음에도 잘 어울리고 소스, 머스터드는 물론이고 버터, 치즈, 스튜, 수프, 드레싱, 피클 등 폭넓은 요리에 쓰인다. 일본에서도 단무지에 색을 낼 때나 오키나와 요리, 티에도 활용된다.

▼ 쌀에 강황과 버터, 소금 등을 넣고 볶은 대표적인 인도 음식 터메릭 라이스

❖ 재배 방법 ❖ 재배 난이도 : ★★☆☆☆

	1	2	3	4	5	6	7	8	9	10	11	12
모종 심기												
개화기												
수확												

✂ 주의점

- 추위에 약하므로 겨울에 뿌리줄기를 방치하지 않도록 주의한다.
- 촉촉한 토양을 좋아하므로 흙 표면이 마르면 물을 흠뻑 준다.
- 4~6월에 꽃이 피는 봄 강황도 있다.

◀ 가을 강황 꽃. 흰 꽃턱잎 안에 노란 꽃이 핀다.

타임
THYME

**강력한 살균·방부 효과를 지닌
용기와 품위의 상징**

▶ 말린 타임 잎

▲ 타임 다발

백리향속 식물을 통틀어 타임이라고 하며 품종이 아주 많은 허브다. 그중에서도 남유럽이 원산지인 커먼 타임(Common thyme)이 가장 유명해서 타임이라고 하면 이 종을 가리키는 경우가 많다.

주요 효능으로는 강한 살균, 방부 효과를 들 수 있다. 고대 이집트에서는 미라를 보존할 때 사용했으며, 고대 로마에서는 잎을 태워서 나는 연기로 성당 등을 정화하는 데 이용했다. 현재도 해부 표본이나 식물 표본의 보존 및 좀벌레 방지 등에 쓰인다.

한편 고대 그리스와 고대 로마에서는 타임이 용기와 품위를 상징했기 때문에, 병사들은 전투에 나서기 전에 타임을 넣어 목욕하거나 그 향을 몸에 발라 사기를 북돋웠다. 그리고 여성들은 남편이나 연인의 무운을 빌며 스카프에 타임을 수놓아 선물했다고 한다.

이러한 향과 효능은 요리에도 요긴하게 쓰여서, 국물 요리며 허브 구이를 비롯한 온갖 음식에 활용된다. 고기나 생선의 냄새를 제거하고 보존력을 높이는 역할은 물론, 소재 본연의 풍미도 끌어내 주기 때문에 모든 식재료와 잘 어울리는 만능 허브다.

DATA
학명 *Thymus vulgaris* (커먼 타임)
분류 꿀풀과 / 늘푸른 작은떨기나무
국문명 선백리향
원산지 유럽, 북아프리카, 아시아
식물 높이 20~40cm
사용 부위 잎, 꽃, 줄기
용도 요리, 티, 미용, 공예 등
효능 거담, 진해, 방부, 항균, 강장, 진통, 소화 촉진 등

🌿 허브티 | 톡 쏘는 자극과 상쾌한 향기

▶ 타임 허브티

살짝 톡 쏘는 듯한 자극이 있으므로 타임만 단독으로 마시기 거북할 때는 다른 허브나 홍차와 섞으면 마시기 편해진다.

🌿 효능

기관지염이나 알레르기 비염, 감기 초기 증상으로 목이 아플 때 마시면 효과적이다. 입안을 헹궈도 좋다.

※ 임신 중·수유 중에는 음용을 피한다.

RECIPE

약 5cm로 자른 타임 잔가지(약 3개), 또는 말린 타임 잎(1작은술)을 찻주전자에 넣고 뜨거운 물을 부은 다음 뚜껑을 덮고 약 3분 우린다.

🌿 요리 | 프랑스 요리에 빠지지 않는 허브

▲ 간으로 만든 파테에 타임을 곁들이면 비린내가 누그러져서 먹기 편해진다.

타임은 식재료를 가리지 않는 만능 허브다. 특히 프랑스 요리에 빼놓을 수 없는 존재로, 부케 가르니(타임을 비롯한 여러 종류의 허브를 다발로 묶은 것으로, 찜 요리 등의 풍미를 살릴 때 쓴다)나 에르브 드 프로방스(Herbes de Provence, 남프랑스 프로방스 지방의 혼합 허브)에 이용된다.

▶ 말릴 때는 다발로 묶어서 매달아둔다.

◀ 타임 허브 오일

🌿 생선 요리의 비린내 제거

고기나 생선 요리 중에서도 구이와 수프처럼 오래 익히는 요리에 추천한다. 잘게 뜯어서 뿌리고, 술과 함께 담가서 튀김이나 뫼니에르의 밑간에 이용하고, 가지를 그대로 고기나 생선에 곁들여 굽는다. 또한 허브 오일로 만들어서 소테할 때 사용해도 맛있다.

※ 임신 중·수유 중에는 사용을 피한다.

🌿 미용·건강

🌿 효능(정유)

· 쇠약, 신경 피로
· 감기 · 여드름, 습진
· 근육통, 요통, 두통
· 복통, 소화 불량

▶ 타임 비누와 목욕 소금

🌿 목욕이나 청소에 활용

산뜻한 향기는 스트레스나 고민으로 인한 불안을 완화하고 기분을 북돋아 준다. 강력한 소독, 항균 작용이 있어서 목욕할 때 모발 관리(비듬 및 탈모 방지)나 청소 등에 이용하면 더 효과적이다.

※ 임신 중에는 사용을 피한다.

🌿 재배 방법 | 재배 난이도 : ★★★★☆

	1	2	3	4	5	6	7	8	9	10	11	12
씨앗 심기												
개화기												
수확												

🌿 주의점

· 줄기가 우거지면 통풍이 잘 안되어서 줄기가 무르고 잎이 마르므로, 장마 전에 1/3 정도 솎아낸다.

▶ 자라면 작고 하얀 꽃이 핀다.

타라곤
TARRAGON

요리의 풍미를 살리기 위해 활약하는 '작은 용'

▲ 말린 타라곤 잎

▶ 가늘고 긴 잎이 특징

가는 잎이 용의 어금니처럼 생겼다고 하여 작은 용을 뜻하는 프랑스어 에스트라곤 (estragon)에서 생겨난 이름이다. 프렌치 타라곤과 러시안 타라곤 2가지 종류가 있고, 스모키한 향이 나는 프렌치 타라곤을 허브로 이용한다.

고대 그리스에서는 약으로 쓰였는데 의학의 아버지 히포크라테스가 상처 소독에 이용했다. 다이쇼 시대(1912~1926)에 일본으로 전파되어 처음에는 약초의 표본으로 재배되었다. 현재는 주로 요리의 향미제로써 이용되며, 프랑스 요리에 빼놓을 수 없는 허브의 하나로 조미료와 각종 소스, 타르타르소스 및 마요네즈로 만든 드레싱 등에 활용되고 있다.

DATA

학명 *Artemisia dracunculus*
(프렌치 타라곤)
분류 국화과 / 여러해살이풀
국문명 타라곤
원산지 시베리아, 북아메리카,
남유럽
식물 높이 50~60cm
사용 부위 잎
용도 요리, 티, 미용, 약용 등
효능 식욕 증진, 소화 촉진, 건위,
구충, 온열 작용 등

허브티

어렴풋한 쓴맛과 청량감이 느껴지는 달콤한 향기가 특징이다.

※ 임신 중에는 음용을 피한다.

효능

긴장이나 불면을 완화하고, 월경전증후소화 촉진 및 식욕 증진 효과 이외에 디톡스 효과가 있는 것으로 여겨진다. 너무 많이 마시지 않도록 주의한다.

▲ 레모네이드에 넣어 마셔도 맛있다.

재배 방법   재배 난이도 : ★★★☆☆

· 물은 적게 주고 조금 건조하게 관리하면 좋다.
· 배수가 잘되는 흙이라면 밝은 응달에서도 잘 자란다.

	1	2	3	4	5	6	7	8	9	10	11	12
모종 심기				▬								
개화기												
수확					▬▬▬▬▬▬▬							

쑥국화
TANSY

풍부한 향기로 방충 효과를 발휘하는 허브

◀ 잎에서는 장뇌 비슷한 향이 난다.

예로부터 약초로 활용되어 온 향이 진한 허브다. 이전에는 식용으로도 쓰였으나 독성이 있다고 해서 현재는 포푸리 재료나 방충제 등으로 사용된다. 울 및 견섬유의 염료로도 활용되는데 꽃 부분을 사용하면 노란색으로, 줄기잎은 어두운 녹색으로 염색할 수 있다.

여름에 피는 노란색 꽃이 마치 단추처럼 보여서 '골든 버튼(Golden button)'이라는 별명이 있다. 번식력이 높은 허브여서 초보자도 쉽게 키워 즐길 수 있다. 일본에서는 홋카이도에 자생하는 쑥국화의 변종이 환경성 레드리스트 2017에 멸종위기 II류로 지정되었다(2020년도 기준).

❀ **드라이플라워로 활용**

줄기째 수확한 쑥국화를 다발로 묶어서 거꾸로 매달아 말리면 완성이다. 귀여운 생김새로 방을 장식할 뿐만 아니라 방충 효과까지 있는 드라이플라워다.

▶◀ 공예 ◀▶

▲ 쑥국화 드라이플라워

▶◀ 재배 방법 ◀▶   재배 난이도 : ★★★★★

- 물 빠짐이 좋은 흙을 고른다.
- 양지바른 장소나 반음지에서 재배한다.

	1	2	3	4	5	6	7	8	9	10	11	12
씨앗 심기			▬	▬				▬	▬			
개화기							▬	▬				
수확							▬	▬				

DATA

학명 *Tanacetum vulgare*
분류 국화과 / 여러해살이풀
국문명 쑥국화
원산지 유럽, 중앙아시아
식물 높이 50cm~1m50cm
사용 부위 잎, 꽃
용도 공예
효능 방향, 방충 등

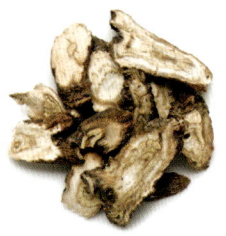

서양민들레
DANDELION

이뇨 작용이 탁월한 '오줌싸개 허브'

▲ 뿌리는 말려서 허브티로 마신다.

▶ 번식력이 강해서 잎이나 줄기를 베어내도 뿌리만으로 재생된다.

영문명 단델리온으로 서양민들레. 일본에서는 환경성 지정 요주의 외래생물로 잡초라는 이미지가 강하지만, 인도의 전통 의학인 아유르베다에서 간장이나 담낭의 이상 증상에 사용하는 등 해외에서는 오래전부터 약초로 쓰여 왔다.

들쭉날쭉한 잎 모양 때문에 사자의 이빨을 뜻하는 이름을 갖게 되었으며, 프랑스어로 피상리(pissenlit) 즉 오줌싸개라는 별명이 있을 만큼 강한 이뇨 작용으로 유명하다.

원산지인 유럽에서 오랫동안 식용해 왔는데 어린잎은 샐러드에, 꽃은 와인으로, 뿌리는 커피 대용으로 전초를 다 활용할 수 있는 유용한 허브다.

DATA

- 학명 *Taraxacum officinale*
- 분류 국화과 / 여러해살이풀
- 국문명 서양민들레
- 원산지 유럽
- 식물 높이 10~30cm
- 사용 부위 잎, 꽃, 뿌리
- 용도 요리, 티, 미용, 약용, 공예 등
- 효능 이뇨 작용, 담즙 분비 촉진, 변비 해소, 항류머티즘 등

허브티

호지차 같은 구수한 향이 특징이다. 뿌리를 말려서 볶으면 무카페인 커피로 마실 수도 있다.

효능

이뇨 작용을 해서 부기가 빠지며, 소화 불량 및 변비 해소, 모유가 잘 나오게 하는 작용까지 기대할 수 있다.

▲ 서양민들레 허브티

재배 방법

재배 난이도 : ★★★★★

• 햇볕과 물 빠짐이 좋은 장소라면 씨앗부터 간단히 재배할 수 있다.

	1	2	3	4	5	6	7	8	9	10	11	12
씨앗 심기												
개화기												
수확												

치커리
CHICORY

커피 대용으로도
즐겨 마시는 고급 채소

▶ 사랑스러운
담청색 꽃이 핀다.

▲ 배추처럼 생긴 치커리 새싹

그리스어로 '밭에서'라는 뜻의 키코리움(Cichorium)에서 유래한 치커리는 배추처럼 생긴 새싹 모양이 특징인 고급 채소다. 이 새싹은 엔다이브라고 불린다. 멀게는 기원전 문헌에도 기록이 남아 있지만, 식용 재배는 19세기에 접어들면서부터 시작되었다. 쌉싸름한 풍미의 어린잎은 주로 샐러드에 넣어 먹고, 꽃도 식용이 가능해서 요리에 장식으로 이용할 수 있다. 한편 카페인은 없지만 독특한 쌉쌀함과 은은한 향기를 지녔다는 점에 착안하여, 치커리 뿌리를 말리고 볶아 커피 대용으로 쓰기도 한다. 이 치커리 커피는 19세기 프랑스에서 영국 제품 불매 운동이 일어나면서 커피 원두가 극단적으로 부족해졌을 때 탄생한 것이다.

🌿 생으로 먹는 방법

요리

생으로 먹을 때는 잘라서 샐러드나 요리를 장식하고, 잎 모양을 살려서 고기 파테나 참치, 아보카도, 어패류 마리네 등을 올려 접시 대용으로 쓰기도 하는 등 전채 요리 및 파티 음식에 그만이다.

▲ 치커리 새싹에 블루치즈와
호두를 얹은 전채 요리

재배 방법   재배 난이도 : ★★☆☆☆

- 양지바르고 배수가 잘되는 알
  칼리성 흙이 좋다.
- 뿌리는 곧은뿌리로 굵게 자라
  므로 깊게 파서 심는다.

	1	2	3	4	5	6	7	8	9	10	11	12
씨앗 심기								■	■	■		
개화기						■	■	■				
수확			■	■	■							

DATA

학명 *Cichorium intybus*
분류 국화과 / 여러해살이풀
국문명 치커리
원산지 유럽~중앙아시아
식물 높이 50cm~1m50cm
사용 부위 새싹, 잎, 꽃, 뿌리
용도 요리, 티, 공예, 염료 등
효능 간 기능 강화, 해독 작용,
　　　소화 촉진, 혈당ti 강하 등

처빌
CHERVIL

고급스러운 향기를 지닌 '미식가의 파슬리'

▲ 초여름에 작고 흰 꽃이 핀다.

▲ 파슬리처럼 생긴 잎이 특징

파슬리처럼 생긴 잎 모양과 고급스러운 향기 덕분에 '미식가의 파슬리'라고 불린다. 고기와 생선의 풍미를 돋우고 레이스 같은 잎이 요리에 멋을 더해줘서, 프랑스 요리에 없어서는 안 될 허브의 하나로 알려졌다.

고대 로마 시대부터 약용으로 쓰인 역사가 있으며, 중세 유럽에서는 처빌이 체내를 정화해 준다고 믿었다. 이러한 이유로 기독교권 국가에서는 부활절 전에 '희망의 허브'로 일컫는 처빌 수프를 마시는 풍습이 생겨났다.

최근에는 처빌 잎 추출액에 피부 미용 효능이 입증되어, 비누나 로션 재료로 사용되기도 한다.

DATA

학명 *Anthriscus cerefolium*
분류 미나릿과 / 한해살이풀
국문명 처빌
원산지 러시아 남부~서아시아
식물 높이 30~60cm
사용 부위 잎, 꽃, 뿌리
용도 요리, 티, 미용, 약용 등
효능 혈행 촉진, 소화 촉진, 이뇨 작용, 발한 작용, 혈액 정화 등

🌿 달걀 요리와 찰떡궁합 〖 요리 〗

파슬리보다 달짝지근한 향기가 나는 처빌은 말리면 향이 약해져서 보통은 생으로 쓴다. 프랑스 요리에서는 생선이나 고기 요리에 풍미를 부여하고 샐러드와 수프에 색감을 더해 주며, 특히 달걀과 잘 어울려서 오믈렛 등에 들어간다.

▶ 키슈에 곁들여 먹는다.

〖 재배 방법 〗 재배 난이도 : ★★★★★

• 강한 햇살과 건조에 약하므로 물을 충분히 준다.
• 옮겨심기를 싫어하므로 화분이나 화단에 직접 씨를 뿌린다.

	1	2	3	4	5	6	7	8	9	10	11	12
씨앗 심기												
개화기												
수확												

차이브
CHIVES

아무 요리에나 어울리는
만능 양념

◀ 잎은 다져서 양념으로 쓴다.

▲ 관상용과 식용 모두
　가능한 꽃

맛이 순한 파 같은 풍미가 특징인 차이브는 다른 파 종류에 비해 냄새도 적어서 만능 향미료로 쓰이는 한편, 파와 부추 대용으로 일식, 양식, 중식 등 어떤 요리에나 편리하게 사용되는 허브다.

　그중 큰산파는 차이브의 변종으로 일본이 원산지이다. 오래전부터 양념이나 고명으로 활용되었는데, 차이브와 큰산파를 같이 심으면 교잡이 일어나기 쉽다. 여름에 휴면하는 큰산파와 달리 차이브는 겨울만 빼고 여름에도 수확할 수 있다. 카로틴을 풍부하게 함유한 녹황색 채소로 파와 동일한 방향성분을 가진다.

　분홍색의 동그랗고 귀여운 꽃은 관상용으로도 인기가 많으며, 추위에 강하고 키우기 쉬워서 가정 텃밭에도 안성맞춤이다.

✿ 양식과 일식에 모두 활용　▶ 요리 ◀

부드러운 파 향이 나는 잎은 일식에도 잘 맞아서 큰산파 대신 쓸 수 있다. 풍미를 살리려면 생으로 쓰는 것을 추천한다. 샐러드나 수프에 장식으로 올리거나 볶음이나 조림의 마무리로 집어넣기도 하고, 잎을 잘게 다져서 허브 버터로 만들 수도 있다.

▲ 감자와는 특히 잘 어울린다.

▶ 재배 방법 ◀　재배 난이도 : ★★★★★

· 고온과 건조에 취약하므로 여름에는 직사광선이 닿지 않는 밝은 응달에서 관리한다.

	1	2	3	4	5	6	7	8	9	10	11	12
씨앗 심기			▬	▬	▬			▬	▬			
개화기						▬	▬					
수확				▬	▬	▬	▬	▬	▬	▬		

DATA
학명 *Allium schoenoprasum*
분류 백합과 / 여러해살이풀
국문명 골파
원산지 지중해 연안~시베리아, 북아메리카
식물 높이 20~30cm
사용 부위 잎, 꽃
용도 요리, 티 등
효능 식욕 증진, 소화 촉진, 살균 등

병풀
CENTELLA

신경 및 뇌를 활성화하는
회춘의 허브

▲ 병풀 잎

아유르베다에서 회춘 약으로 쓰이는 중요한 허브 가운데 하나로, 고투콜라(Gotu Kola) 또는 브라미(Brahmi)라고도 불린다. 중국에서도 약 2000년 전의 약초 서적 《신농본초경》에 적설초(積雪草)라는 이름으로 소개되었다. 맛은 쓰며 생채소로 먹고, 베트남에서는 녹즙 같은 건강음료로 마신다.

전통적으로 신경과 뇌세포를 활성화하는 허브로 알려져서 명상 전에 많이 이용한다. 강한 항산화 작용이 있어서 유럽에서는 정맥류, 하지 부종과 같은 순환기계 증상 완화에 쓰이고 있다. 콜라겐의 생성을 촉진하는 작용이 있어 상처를 빨리 아물게 하고 거친 피부를 개선한다고도 알려졌다.

DATA

학명 Centella asiatica
분류 미나릿과 / 여러해살이풀
국문명 병풀
원산지 인도
식물 높이 10~45cm
사용 부위 잎
용도 요리, 티, 미용, 약용 등
효능 신경계와 뇌의 활성화, 이뇨 작용, 혈행 촉진, 가벼운 상처·화상 치유 등

허브티

상쾌하고 독특한 풍미가 특징이다. 카페인이 없어서 자기 전 휴식을 취하면서 마시기 좋다.

재배 방법 　재배 난이도 : ★★★★☆

· 내한성이 낮으니 겨울에는 실내로 옮긴다.
· 반음지를 좋아하므로 직사광선을 피한다.

효능

병풀에는 항불안 작용이 있는 것으로 추정되어 정신 불안정에도 효과가 기대되고 있다.

▲ 병풀로 만든 건강 음료

	1	2	3	4	5	6	7	8	9	10	11	12
씨앗 심기												
개화기												
수확												

Column 03
허브티 우리는 방법

허브의 특성에 따라 우려내는 방법을 달리하여
보다 다채롭고 맛있게 즐길 수 있다.

생 허브일 때

1 허브를 가볍게 씻어 물기를 제거한 뒤, 성분이 잘
   우러나도록 손으로 잘게 찢어 찻주전자에 넣는다.

2 말린 허브일 때의 2~4와 같은 방법으로 허브티
   를 우린다.

말린 허브일 때

1 찻주전자와 컵에 뜨거운 물을 부어 미리 데워 두
   고, 적당한 온도가 되면 물을 따라 버린다.

2 찻주전자에 허브를 넣고 뜨거운 물(끓고 나서
   90~97℃까지 식힌 물)을 천천히 붓는다.

3 뚜껑을 덮고 3~5분 정도 허브를 우린다(딱딱한
   허브는 5~6분).

4 찻주전자를 수평으로 가볍게 돌려서 차의 농도를
   균일하게 만든 다음, 차 거름망으로 허브를 거르
   면서 찻잔에 따른다.

허브티 기본 정보

【1인분의 양】
• 말린 허브⋯ 스트레이트, 블렌드 모두 찻숟가락
  으로 수북하게 1개(3~5g 정도)가 기준이나 강하
  게 느껴질 수도 있어, 허브 종류와 사용 부위에
  따라 양을 조절하는 것이 바람직하다.
• 생 허브⋯ 말린 허브의 2~3배(찻숟가락 수북하
  게 2~3개 정도)가 기준이다.
• 뜨거운 물⋯ 허브 1인분에 150~180ml가 적당할
  수 있으나, 물의 양을 조절하여 농도를 살피며 우
  려낸다.
【사전 준비】
로즈힙처럼 딱딱한 열매는 숟가락 뒷면이나 부엌
가위 등으로 으깨두면 성분이 잘 우러난다.

딜
DILL

생선 요리를 돋보이게 하는
'생선을 위한 허브'

▶ 펜넬과 비슷한 가늘고
섬세한 잎이 특징이다.

▶ 딜 꽃

민감해진 피부에 탁월한 진정 작용과 숙면 효과로 알려진 딜은 '달래다'라는 뜻의 고대 노르웨이어 딜라(dilla)에서 그 이름이 유래했다. 일본에서는 그렇게 많이 쓰이지 않지만, 서양권에서는 상당히 대중적인 허브로 활발히 재배되고 있다.

그 역사를 거슬러 올라가 보면, 고대 이집트에서부터 의사들이 이미 중요한 치료 약으로 사용했다. 또한 기독교 신약성서에도 세금을 대신할 만큼 중요하게 여겼다는 기록이 있으며, 중세 유럽에서는 마귀를 쫓는 부적이나 주술의 재료로도 사용되었다고 한다.

일본에는 에도 시대 초기에 말린 딜 씨앗이 시라자(蒔蘿子)라는 이름의 생약으로 처음 전해졌다.

이렇게 뿌리를 제외한 모든 부분을 활용할 수 있어서 폭넓게 쓰이는데, 특히 요리에서 수요가 많다. 그중에서도 잎에서 퍼지는 상쾌한 향기는 생선과 성질이 잘 맞아서 '생선을 위한 허브'라고 칭할 만큼 생선 요리에 꼭 필요한 존재가 되었다. 또한 상큼한 향과 매운맛이 나는 씨앗은 향신료로써 카레나 피클 등에 이용된다.

DATA
학명 Anethum graveolens
분류 미나릿과 / 한해살이풀
국문명 딜
원산지 지중해 연안~서아시아
식물 높이 60cm~1m
사용 부위 잎, 꽃, 줄기, 씨앗
용도 요리, 티, 미용, 약용 등
효능 진정 작용, 가스 배출, 이뇨 작용, 소화기관 기능 개선, 모유 분비 촉진 등

🫖 허브티　상쾌한 풀 향기가 긴장을 완화

잎, 꽃, 씨앗을 모두 허브티로 마실 수 있지만 보통은 씨앗을 이용한다. 녹차를 아주 연하게 우린 듯한 달짝지근한 맛과 풀 향기가 나는 것이 특징이다.

🧪 효능
진정 작용이 특히 뛰어나서 유럽에서는 밤중에 깨서 우는 아기에게 먹이거나, 병원에서 환자의 숙면을 위해 처방하기도 한다.

◀ 딜 허브티

> **RECIPE**
> 딜 씨앗(1/2〜1큰술)을 찻주전자에 넣고 뜨거운 물을 부어 뚜껑을 덮고 3〜5분 우린다.

왼쪽) 요구르트에 올리브유와 딜 등을 넣은 그리스의 딥소스 차지키(Tzatziki)
오른쪽) 감자와도 궁합이 좋다.

🍴 요리　연어와 찰떡궁합!

'생선을 위한 허브'로 불리는 딜은 특히 연어와 궁합이 좋다. 절인 연어나 훈제 연어에는 딜 잎을 꼭 넣어보자. 다져서 드레싱이나 마요네즈에 첨가해도 맛있다. 달걀이나 감자와도 잘 어울려서 감자샐러드에 넣는 것도 추천한다.

왼쪽) 딜 씨앗
오른쪽) 오이 딜 피클

🌱 씨앗은 피클로 활용
딜 씨앗은 피클에 필수적이다. 그중에서도 오이 딜 피클이 유명한데, 생화나 생잎을 넣기도 한다. 오이 이외에도 제철 채소를 먹기 좋은 크기로 썰어서 딜로 풍미를 낸 피클액에 담그면 손쉽게 딜 피클을 만들 수 있다. 염분이 적어서 건강에도 좋다.

◀ 훈제 연어와 크림치즈 카나페에 곁들인 딜.

🌿 재배 방법　재배 난이도 : ★★★★★

	1	2	3	4	5	6	7	8	9	10	11	12
씨앗 심기												
개화기												
수확												

✂️ 주의점
· 양지바르고 배수가 잘되면 토질은 상관없다.
· 뿌리를 쉽게 다치므로 씨를 직접 뿌린다.

▶ 여름이 되면 한꺼번에 꽃이 핀다.

약모밀
FISH MINT

**피부 미용과 건강 차에 쓰이는
민간요법의 대표 허브**

▶ 흰 꽃을 피우는 약모밀

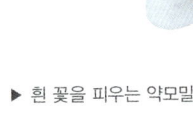

음지의 습한 장소를 좋아하고 특유의 강렬한 냄새를 풍긴다. 동남아시아 원산으로, 도쿠 다미라는 일본 이름은 독을 억제한다는 뜻에서 지어진 이름이다. 우리나라에서는 잎의 모양이 메밀과 비슷하고, 약용으로 쓰였다고 하여 '약모밀', 잎과 줄기에서 생선 비린내가 난다하여 '어성초'라고 한다. 오래전부터 민간약으로 사용되었으며 한방 생약은 십약(十藥)이라고 부른다.

전통적으로 약모밀 차는 이뇨 작용과 변비 개선, 동맥경화 예방 등에 효과가 있다고 알려졌다. 생잎을 찧은 것에는 강한 항균 작용이 있어서 습진이나 무좀 환부에 바르고, 약모밀로 만든 화장수는 여드름 예방에도 쓰인다.

일본에서는 약모밀을 채소처럼 먹는 일이 거의 없지만, 베트남에서는 고수와 마찬가지로 샐러드나 월남쌈에 넣어 먹는다. 어린싹을 튀기면 냄새나 아린 맛이 없어져서 맛있게 먹을 수 있다.

DATA
학명 *Houttuynia cordata*
분류 삼백초과 / 여러해살이풀
국문명 약모밀, 어성초
원산지 동남아시아
식물 높이 20~40cm
사용 부위 잎, 꽃, 줄기, 뿌리
용도 요리, 티, 미용, 약용 등
효능 변비 개선, 고혈압, 동맥경
　　　 화 예방, 이뇨 작용, 습진 등

허브티
약모밀 차는 독특한 풍미가 있으므로 마시기 거북할 때는 보리차 등과 섞어 마시면 괜찮다.

효능
디톡스 효과가 있어서 피부 미용이나 정장 작용, 부종 개선 등을 기대할 수 있다.

▶ 약모밀 잎으로
　 끓인 차

재배 방법 　재배 난이도 : ★★★★★
• 환경을 가리지 않지만 번식력이 강하므로 주의한다.
• 화분에 심었을 때는 흙이 마르면 흠뻑 물을 준다.

	1	2	3	4	5	6	7	8	9	10	11	12
모종 심기				▬	▬							
개화기						▬	▬					
수확				▬	▬							

한련화
NASTURTIUM

알싸하게 매운맛의 선명한 꽃

▲ 관상용으로도 즐길 수 있다.

◀ 연꽃처럼 생긴 잎과 선명한 꽃 때문에 금련화라고도 한다.

선명한 빨간색과 노란색 꽃, 연잎처럼 둥근 잎이 특징인 덩굴성 식물이다. 16세기에 페루에서 발견된 야생종이 유럽으로 전파되면서 널리 퍼졌고, 일본에는 에도 시대 말기에 전해졌다. 한련화에는 비타민C와 철분이 함유되어 있어서, 당시에 비타민C 부족으로 괴혈병에 시달리던 유럽과 미국의 선원들에게 쓰였다고 한다.

꽃은 식용으로도 쓸 수 있다. 물냉이처럼 얼얼한 자극이 있는 꽃과 어린잎은 생으로 샐러드나 샌드위치에 넣어 먹는 것이 일반적이다. 또한 꽃봉오리나 덜 익은 열매도 하룻밤 소금에 절여서 피클로 만들거나 갈아서 양념으로 만든다.

요리

✿ 샐러드에 색감을 낼 때

매운맛이 나는 잎과 꽃은 생으로 샐러드나 전채 요리에 쓰인다. 또한 고추냉이와 비슷한 풍미를 살려서 무침 등에도 활용할 수 있다.

※ 열매는 특히 자극이 강하므로 위가 약한 사람은 섭취를 삼간다.

▲ 한련화를 올린 샐러드

재배 방법
재배 난이도 : ★★★☆☆

· 습기에 약하므로 바람이 잘 통하는 곳에서 키운다.
· 여름철에는 25℃를 넘지 않도록 수의한다.

DATA

학명 *Tropaeolum majus*
분류 한련과 / 한해살이풀
국문명 한련화, 금련화
원산지 멕시코~남미
식물 높이 약30cm(덩굴은 약3m)
사용 부위 꽃, 잎, 꽃봉오리, 열매
용도 요리, 약용 등
효능 항균 작용, 강장, 이뇨 작용, 감기 예방, 조혈 작용 등

	1	2	3	4	5	6	7	8	9	10	11	12
씨앗 심기												
개화기												
수확												

부추
GARLIC CHIVES

풍부한 영양이 꽉 들어찬
대표적인 활력 충전 채소

◀ 대엽 부추

▲ 부추 꽃

중국에서는 양기초(陽起草)라고 하여 3000년 이상 전부터 재배되었다. 일본에서는 700년 경부터 재배되기 시작했으며, 미라라는 이름으로 《고사기》와 《만엽집》에도 등장한다. 우리나라에는 삼국 시대에 도입된 것으로 추정되며, 고려 시대에 편찬된 《향약구급방》에 처음 등장한다. 제2차 세계대전 이후 중국 요리가 보편화되면서 수요가 급증했다. 일반적으로는 녹색의 대엽 부추가 가장 많이 알려졌으며, 잎이 노란 황부추와 부추꽃대도 식용으로 사용한다.

부추에 함유된 냄새 성분인 황화알릴(Allyl sulfide)은 혈액을 맑게 하여 동맥경화를 예방하고, 비타민B1의 흡수를 도와 피로 해소 및 자양 강장에 도움을 준다. 베타카로틴(β-carotene)과 비타민C를 풍부하게 함유하여 감기 예방이나 노화 예방에도 좋다. 한방에서는 몸을 따뜻하게 하고 혈행을 개선해 주어, 다리와 허리가 찌뿌둥하거나 빈뇨 등의 증상에 추천한다.

DATA
학명 *Allium tuberosum*
분류 백합과 / 여러해살이풀
국문명 부추
원산지 중국
식물 높이 30~40cm
사용 부위 잎, 씨앗
용도 요리, 약용 등
효능 대사기능의 향상, 피로 해소,
　　　정장 작용, 자양 강장 등

요리

🌿 **돼지 간에 곁들여서 활력 충전**

만두나 춘권 같은 중국 요리에 보편적으로 쓰이는 부추. 그중에서도 부추를 듬뿍 먹을 수 있는 요리가 바로 돼지 간 부추볶음이다. 부추뿐만 아니라 간에도 영양가가 많아서 활력을 충전하는 데는 최고의 음식이다.

▶ 돼지 간 부추볶음

재배 방법　재배 난이도 : ★★★★☆

· 생육이 빠른 봄부터 여름에 걸쳐서 수확하고 겨울에는 쉬어준다.
· 첫해에는 수확하지 않고 2년째,
　3년째에 수확하면 좋다.

	1	2	3	4	5	6	7	8	9	10	11	12
씨앗 심기				▬		▬						
개화기								▬				
수확					▬▬▬▬▬▬▬▬							

서양쐐기풀
NETTLE

**영양소가 풍부한
'천연 멀티비타민'**

▶ 미세한 가시로 뒤덮인
서양쐐기풀의 잎과 줄기

▶ 말린 서양쐐기풀 잎

줄기와 잎 표면이 쐐기털이라는 날카로운 가시로 뒤덮여 있어서 바늘을 뜻하는 영어 '니들(needle)'에서 영문명 '네틀(nettle)'이 탄생했다. 줄기에서는 섬유를 뽑을 수 있어서 옛날에는 직물로도 이용되었다고 한다.

서양쐐기풀은 '천연 멀티비타민'이라고 불릴 만큼 비타민과 미네랄이 풍부한 것으로 유명하다. 유럽에서는 2000년 이전부터 강력한 약초로써 중요하게 다뤘으며, 1세기에는 디오스코리데스와 같은 고대 그리스의 의사들에 의해 널리 사용되었다.

또한 서양쐐기풀에 함유된 항히스타민 성분에 알레르기 등의 염증을 억제하고 예방하는 효과가 있다고 해서, 최근에는 꽃가루 알레르기의 대응책으로도 주목받고 있다.

허브티
감미롭고 부드러운 맛이 특징이다.

▲ 서양쐐기풀 허브티

🌿 효능
이뇨 작용 및 정혈 작용 등 다양한 효능이 기대되며, 특히 항알레르기 작용이 주목받고 있어서 꽃가루 알레르기가 심해지는 계절에 마시면 좋다.
※중독 작용을 일으킬 가능성이 있으므로 생식은 삼간다.

재배 방법
재배 난이도 : ★★★☆☆

· 햇볕, 배수, 통풍이 좋은 장소에서 재배한다.
· 고온다습에 약하므로 여름에는 습도 관리에 신경 쓴다.

	1	2	3	4	5	6	7	8	9	10	11	12
씨앗 심기				▬		▬			▬			
키우기					▬▬▬							
수확							▬▬▬▬					

DATA
학명 *Urtica dioica*
분류 쐐기풀과 / 여러해살이풀
국문명 서양쐐기풀
원산지 유럽, 아시아
식물 높이 50cm~1m50cm
사용 부위 잎, 뿌리
용도 요리, 티 등
효능 항알레르기, 이뇨 작용, 혈액 정화, 조혈 작용 등

바질
BASIL

**이탈리아 요리에 빼놓을 수 없는
'왕의 약초'**

▲ 말린 바질

▶ 바질 잎

이탈리아에서 바실리코(basilico)라고도 부르는 바질은 이탈리아 요리에 꼭 필요한 허브로 유명하다. 달콤함이 느껴지는 상쾌한 향과 은은한 매운맛은 다양한 나라의 음식에 요긴하게 쓰이고 있다.

바질은 고대 그리스어로 왕을 뜻하는 바실레우스(Basileus)에서 유래한 이름으로 알려졌으며, 오래전부터 '왕의 약초'라고 불렸다. 한편 인도에서는 사람들을 수호하는 성스러운 힘이 담겨 있다고 하여 크리슈나 신과 비슈누 신에게 바쳐지는 신성한 풀이었다.

이밖에도 바질에 관한 전설이 세계 곳곳에 남아 있다. 기독교에서는 예수 그리스도가 부활한 뒤에 무덤 주위에 바질이 돋아났다고 전해지며, 그리스 정교회에서는 지금도 제단 아래에 바질이 담긴 항아리를 둔다고 한다.

일본에는 에도 시대에 안약용 한방약으로 씨앗이 수입되었다. 씨앗을 물에 담그면 팽창하여 젤리 형태의 물질로 뒤덮이는데 이것으로 눈을 씻었다고 한다.

최근에는 면역력을 높이는 성분이 많이 함유되어 있다는 내용이 알려지면서, 미용이나 노화 방지 면에서도 주목받고 있다.

DATA
학명 Ocimum basilicum
분류 꿀풀과 / 한해살이풀
국문명 바질
원산지 인도, 열대 아시아
식물 높이 30~80cm
사용 부위 잎, 꽃, 씨앗
용도 요리, 티, 미용, 약용, 공예 등
효능 살균, 소화 촉진, 거담, 항우울, 강장, 해열, 항산화 작용 등

▲ 태국의 대표 음식인 간 고기
  바질 볶음 팟 카프라오(Phat kaphrao)

🥢 요리 🥢   토마토 최고의 파트너!

이탈리아 요리와 지중해 요리는 물론 태국 요리나 베트남 요리에도 빠놓을 수 없는 존재다. 특히 토마토와 궁합이 잘 맞아서 샐러드와 수프, 토마토소스 파스타와 피자 등에 사용된다. 말린 바질 잎을 케첩과 섞으면 제대로 된 피자 소스나 닭고기 케첩 볶음밥을 맛볼 수 있다.

▲ 바질, 토마토, 모차렐라 치즈의 세 가지 색이
  이탈리아를 상징하는 샐러드 카프레제(Caprese)

🌿 가공하여 활용

바질은 페스토로 만들거나 버터와 혼합하거나, 또는 올리브유나 식초에 담그는 등 여러 가지 방법으로 가공하여 즐길 수 있다. 특히 이탈리아 제노바에서 전통적으로 내려오는 페스토 제노베제(Pesto Genovese)가 유명하다. 바질 잎, 마늘, 잣, 올리브유, 치즈 가루, 소금을 섞어서 페이스트 상태로 만든 소스로, 만들어 두면 온갖 요리에 활용할 수 있다.

▲ 바질을 페이스트 상태로 만든 소스
  페스토 제노베제

🌿 씨앗을 이용

바질 씨앗을 일컫는 바질 시드. 언뜻 보면 검은깨 같지만, 물에 담그면 젤리처럼 변하면서 약 30배나 크게 팽창한다. 동남아시아에서는 코코넛밀크로 만든 디저트 등에 사용하며 최근에는 다이어트 음식으로도 주목받고 있다.

◀ 바질 시드와 과일로 만드는
  베트남 디저트 음료

⚜ 재배 방법 ⚜   재배 난이도 : ★★★★★

	1	2	3	4	5	6	7	8	9	10	11	12
씨앗 심기				▬	▬	▬						
개화기						▬	▬					
수확				▬	▬	▬	▬	▬	▬			

✂ 주의점

- 햇볕과 배수가 좋고 영양이 풍부한 흙에 심는다.
- 13℃ 이상에서 발아, 생육하므로 기온이 충분히 올라간 뒤에 씨를 뿌린다.

▲ 잎을 이용할 때는 꽃눈을 따 준다.

파슬리
PARSLEY

**전 세계에서 가장 널리 쓰이는
요리의 명품 조연**

▼ 컬리 파슬리

▲ 잎이 넓적한 이탈리안 파슬리

세계에서 가장 널리 이용되는 허브다. 일본이나 미국에서는 잎이 가늘고 고불고불 오그라진 '컬리 파슬리'를 주로 쓰지만, 유럽에서는 잎과 줄기 모두 반듯하고 원종에 가까운 '이탈리안 파슬리'를 많이 사용한다.

지중해 연안이 원산지인 파슬리는 기원전부터 식용 및 약용으로 재배되었다. 고대 그리스에서는 가축의 먹이로 쓰이는 한편, 종교의식에도 이용했으며 파슬리 다발을 둥근 고리 모양으로 만들어 향기를 즐겼다고 한다. 그 후 로마제국의 확장과 함께 프랑스와 독일, 영국 등으로 전파되어 17세기에는 유럽 전역에서 재배하기에 이르렀다.

일본에는 18세기 말 네덜란드에서 도입되었으나 대부분 요리에 장식으로 썼을 뿐 거의 먹지 않았다고 한다.

특유의 쓴맛과 풋내 탓인지 일본에서는 현재도 남기는 일이 많은데, 비타민이나 철분 등의 미네랄 함유량만큼은 채소 가운데 최고 수준을 자랑한다. 게다가 파슬리에 들어 있는 피넨(Pinene)과 아피올(Apiol)이라는 물질에는 입 냄새를 예방하는 작용이 있어서 식후에 먹으면 매우 효과적이다.

DATA
학명 *Petroselinum crispum*
(컬리 파슬리)
Petroselinum neapolitanum
(이탈리안 파슬리)
분류 미나릿과 / 두해살이풀
국문명 파슬리
원산지 지중해 연안
식물 높이 15~20cm
사용 부위 잎, 줄기, 뿌리
용도 요리, 티, 미용, 약용 등
효능 살균항균 작용, 냄새 제거,
강장, 이뇨 작용, 동맥경화
예방, 진통 작용, 항알레르
기, 감기 예방, 피부 미용 등

▲ 파슬리 그린 스무디

남아도는 파슬리는 생으로나 말려서 허브티로 마실 수 있지만 특유의 풋내가 나므로 주의한다.

효능
카로틴(Carotene)이 많아서 동맥경화 예방 효과를 기대할 수 있으며, 철분도 풍부해서 빈혈, 감기 예방, 피부 미용에도 효과적이다. 꽃가루 알레르기가 있는 사람에게도 추천한다.

그 밖의 활용법
파슬리는 건강에 좋은 그린 스무디에 제격이다. 어떤 맛의 과일과 혼합해도 그 과일의 맛을 돋워주므로 다양하게 응용하여 즐길 수 있다.

▲ 말린 파슬리 잎

RECIPE
말린 파슬리 잎(1작은술보다 조금 많이) 또는 생파슬리(적당량)를 찻주전자에 넣고 뜨거운 물을 부어 뚜껑을 덮고 약 10분 우린다.

※ 임신 중에는 음용을 피한다.

요리 영양가 가득한 식재료

생선 요리와 고기 요리부터 튀김의 고명까지 용도의 폭이 넓어서, 수프나 샐러드에 다져 넣기도 하고 부케 가르니에도 빠지지 않는 존재다. 주목할 점은 바로 높은 영양가. 남겨서 버려지는 일이 많지만 음식과 함께 꼭 먹기를 권한다. 사용할 때는 손으로 비비면서 요리에 뿌리면 향이 더 진해진다.

소스나 드레싱에 활용
다른 식재료를 빛내주는 파슬리는 타르타르소스나 프렌치 드레싱 등 여러 조미료에 쓰인다.

왼쪽) 밀가루로 만드는 중동의 작은 파스타 쿠스쿠스 샐러드에는 파슬리가 기본이다.
오른쪽) 버섯 수프에 고명으로 올린다.

◀ 파슬리와 차이브, 마늘을 넣은 허브 버터

재배 방법 재배 난이도 : ★★★★★

	1	2	3	4	5	6	7	8	9	10	11	12
씨앗 심기												
개화기												
수확												

주의점
- 햇볕과 물 빠짐이 좋고 영양이 풍부한 흙에 심는다.
- 꽃이 피면 포기가 쇠약해지고 잎이 적게 나오므로 꽃줄기가 자라면 재빨리 따버린다.

허브 오일이나 허브 버터로 활용
남은 파슬리는 허브 오일이나 허브 버터로 만들면 장기 보관이 가능하고, 또 늘 먹던 요리에 색다른 느낌을 더해 준다.싱 등 여러 조미료에 쓰인다.

◀ 관상용 녹색식물로도 추천

▲ 파슬리 허브 버터를 넣은 백포도주 홍합찜

버터플라이피
BUTTERFLY PEA

아름다운 푸른색 차에는
미용 건강 효과가 듬뿍

◀ 버터플라이피 꽃

▼ 버터플라이피 꽃잎을 말려서
허브티로 마신다.

동남아시아에서 오래전부터 즐겨 사용했다. 뿌리에는 소량의 독성이 있지만 진한 파란색 꽃잎은 천연 색소로써 널리 활용되며 잎 부위는 사료로, 다 여물지 않은 어린 콩은 식용으로 쓰인다. 꽃잎에서 짜낸 즙에 라임이나 레몬즙을 넣으면 구연산이 반응해서 보라색으로 변하는 성질이 있다.

일본에서는 보통 허브티로 활용하는데 파란색 차가 시원한 느낌을 준다. 풍미는 순하고 어렴풋이 콩 냄새가 난다. 다른 허브티와 섞거나 꿀 또는 설탕을 넣어서 마시면 좋다. 우리나라에서는 안전성이 입증되지 않아 식용으로 사용할 수 없다. 꽃잎에 많이 함유된 폴리페놀 가운데 하나인 안토시아닌(Anthocyanin)은 피부 탄력 저하나 안정 피로의 회복에 효과가 있을 것으로 기대된다.

DATA

학명 *Clitoria ternatea*
분류 콩과 / 여러해살이풀
국문명 나비완두콩, 접두화
원산지 동남아시아
식물 높이 20cm~1m
사용 부위 잎, 꽃, 열매
용도 요리, 티, 미용 등
효능 항산화 작용, 노화 예방, 성인병 예방 등

허브티

레몬처럼 산성을 띠는 것을 첨가하여 색 변화를 즐길 수 있다. 여름에는 차게 만든 허브티에 탄산음료를 넣어 희석하면 상쾌하고 맛있다.

효능

안정 피로, 노화 방지 효과, 생활습관병 예방 등

※ 임신 중에는 사용을 피한다.

▲ 구연산에 반응하여 색이 변한다

재배 방법   재배 난이도 : ★★★★★

· 씨앗 표면에 작게 상처를 내서 뿌리면 좋다.
· 햇볕이 잘 드는 곳에서 물을 흠뻑 준다.

	1	2	3	4	5	6	7	8	9	10	11	12
씨앗 심기				▬	▬							
개화기								▬	▬	▬		
수확									▬	▬	▬	

팔각
STAR ANISE

**보기 드문 별 모양 열매로
중국 요리에 꼭 들어가는 허브**

▶ 말린 팔각

별 모양의 팔각은 인도차이나 북부를 중심으로 분포하는 늘푸른큰키나무인 팔각회향나무의 열매를 말린 것이다. 미나릿과인 아니스와 향이 매우 비슷해서 '스타아니스(Star anise)'라고도 하며, 동파육 등의 중국 요리에는 빼놓을 수 없는 향신료 가운데 하나다. 유럽에서는 페이스트리나 잼 등에 향미를 내는 용도로 사용하거나 장식용으로 많이 사용한다. 동양에서는 오래전부터 종교행사에 이용했으며 선향의 원료로도 사용되었다. 생약명은 대회향이라고 하는데, 신진대사의 활성화를 촉진하고 건위 및 식욕 증진, 자율신경 교란 증상에 효과가 있다. 정유는 치약이나 비누, 화장품 등에 향을 내는 용도로 쓰인다.

요리

❀ **조림에 향을 낼 때**

팔각이 들어간 요리 가운데 가장 유명한 음식은 동파육이다. 팔각은 소량만 넣어도 향이 꽤 진해서 통째로 1개를 넣지 않고 1조각씩 잘라 개수를 조절하면서 넣는다.

▲ 동파육

재배 방법

재배 난이도: ★☆☆☆☆

• 키가 1m가 될 때까지는 손이 많이 간다. 꽃이 필 때까지 5년은 걸려서 초보자가 재배하기는 조금 어렵다.

	1 2 3 4 5 6 7 8 9 10 11 12
씨앗 심기	
개화기	
수확	

DATA

학명 *Illicium verum*
분류 오미자과 / 늘푸른큰키나무
국문명 팔각
원산지 중국
식물 높이 10m~15m
사용 부위 열매
용도 요리, 티, 약용, 공예 등
효능 위장 장애, 온열 작용, 갱년기 증상 개선, 냉한 체질 개선 등

시계꽃
PASSION FLOWER

이완 효과가 뛰어난 숙면 허브

▲ 과물시계꽃의 열매(패션프루트)

▲ 시계꽃이라는 이름처럼 시계 문자판과 꼭 닮은 생김새

약 500종에 달하는 품종을 가진 시계꽃의 영문명은 패션플라워다. 패션(passion)이란 기독교의 '수난'에서 유래한 말로, 꽃 모양을 예수 그리스도가 십자가에 매달린 모습에 빗대어서 지은 이름이다. 꽃의 씨방 아래 기둥은 십자가, 세 개로 나뉜 암술이 못, 덩굴손은 채찍, 덧꽃부리는 가시면류관, 다섯 장의 꽃잎과 꽃받침은 모두 해서 10명의 사도, 잎은 창을 나타낸다고 한다. 1570년경 페루를 방문한 스페인 의사 모나르데스에 의해 발견된 이후, 진정 효과가 높은 허브로 유럽에 소개되자마자 순식간에 퍼져나갔다. 패션프루트라고 하는 시계꽃 열매는 생으로 먹거나 잼, 주스의 원료로 인기가 많다. 괴물시계꽃(학명 *Passiflora edulis*)의 열매만 패션프루트로 먹는다.

DATA
학명 *Passiflora incarnata*
분류 시계꽃과
　　 / 덩굴성 여러해살이풀
국문명 시계꽃, 시계초
원산지 중앙아메리카~남아메리카
식물 높이 3~6m
사용 부위 잎, 꽃, 열매
용도 요리, 티, 미용, 약용 등
효능 진정 작용, 숙면, 신경 안정 등

◆◆ 허브티 ◆◆
마른 풀냄새가 입안에 퍼진다. 거북한 맛이 없고 부담 없어서 다른 허브와 블렌딩하기도 쉽다.

효능
숙면 효과 및 진통 작용, 피로 완화에 효과가 있어서 잠 못 드는 밤에 마시면 아주 좋다.
※ 임신 중운전 전에는 음용을 삼간다.

▲ 말린 잎과 줄기를 허브티에 사용한다.

◆◆ 재배 방법 ◆◆
재배 난이도 : ★★★☆☆

· 배수가 잘되고 매우 기름진 흙을 사용한다.
· 흙 표면이 마르면 물을 듬뿍 준다.

	1	2	3	4	5	6	7	8	9	10	11	12
모종 심기												
개화기												
수확												

피버퓨
FEVERFEW

편두통을 완화하는 '기적의 아스피린'

▶ 데이지와 닮은 꽃이 핀다.

화란국화 또는 흰꽃여름국화라고도 불리는 피버퓨는 열을 뜻하는 영어 피버(fever)에서 유래했다. 이름 그대로 해열 및 진통 효과가 있는 허브로써 오래전부터 활용되었으나 과학적 근거는 충분히 밝혀지지 않았다.

각각 불멸과 파르테논신전을 의미하는 학명의 유래는 신전을 건설하던 중에 추락한 사람의 목숨을 살리는 데 이 식물이 사용되었다는 전설에 기초한 것이다.

꽃을 말려서 입욕제로 사용하면 냉한 체질이나 어깨 결림 개선, 피로 해소에 도움이 된다고 한다. 또한 방충 효과도 있어서 벌레가 잘 꼬이는 식물 옆에 심고, 말린 꽃이나 잎은 포푸리나 향주머니로 만들어 활용할 수 있다.

▶ 허브티

향은 상쾌하지만 은근히 쓴 맛이 나므로 향이 진한 허브나 꿀 등을 섞으면 마시기 편하다.

🧪 효능

열이 나거나 편두통이 있을 때는 물론이고, 머리가 무겁고 기분이 안 좋을 때 마셔도 좋다.

※ 임신 중에는 음용을 금지한다.

▲ 피버퓨 찻잎

DATA

학명 *Tanacetum parthenium*
분류 국화과 / 여러해살이풀
국문명 화란국화, 흰꽃여름국화
원산지 서아시아, 발칸반도 등
식물 높이 30~80cm
사용 부위 잎, 꽃, 줄기
용도 티, 미용, 약용, 공예 등
효능 편두통 완화, 냉한 체질 개선, 방충 등

▶ 재배 방법 재배 난이도 : ★★★★☆

- 고온과 습기를 피하고 통풍이 잘되도록 포기 사이를 띄워준다.
- 햇볕과 물 빠짐이 좋고 조금 건조한 흙에서 키운다.

	1	2	3	4	5	6	7	8	9	10	11	12
모종 심기										■	■	
개화기					■	■						
수확				■	■	■	■	■				

펜넬
FENNEL

다양한 약효를 지닌 역사상
가장 오래된 작물의 하나

▲ 펜넬 꽃과 씨앗

▶ 둥글게 비대해진 알뿌리를
식용하는 플로렌스 펜넬
(Florence Fennel)

황록색 줄기가 시든 것처럼 보인다고 해서 마른 풀이라는 뜻의 라틴어 페눔(fenum)에서
유래가 된 펜넬은 달콤한 향과 은은한 쓴맛이 나는 허브다. 이 향을 만들어 내는 두 가지
성분 아네톨과 펜촌(Fenchone)은 품종마다 다른 비율로 함유되어 있어 산지별로 풍미가
다양하다.

펜넬은 역사상 가장 오래된 작물의 하나로 알려졌으며 고대 로마에서는 강장용 식재료
로, 유럽에서는 약초로써 당시 사람들의 생활 깊숙이 자리 잡고 있었다. 특히 중세 이후
에는 더욱 활발하게 활용되었다. 씨앗을 약용이나 입욕제로 쓰는 한편, 나쁜 기운을 몰아
내는 힘이 있다고 믿어 주술에도 이용했다고 한다.

일본에는 헤이안 시대에 중국으로부터 전해졌다. 완숙 직
전의 씨앗을 수확하여 말린 펜넬 시드는 회향이라는 생약으
로 쓰이며, 에도 시대에는 위장약으로 복용했다. 현재도 위
장 운동을 조절하는 한방약 등에 사용된다.

펜넬의 어린잎과 씨앗은 풍미가 진하고, 소화 촉진 및 냄
새 제거 효과가 있다. 그래서 생선 비린내를 없애거나 리큐
어에 향미를 더하는 데 활용된다.

DATA
학명 Foeniculum vulgare
분류 미나릿과 / 여러해살이풀
국문명 회향
원산지 지중해 연안
식물 높이 1~2m
사용 부위 잎, 줄기, 꽃, 씨앗, 뿌리
용도 요리, 티, 미용, 약용 등
효능 이뇨 작용, 강장, 진통, 발한
작용, 소화 촉진, 냄새 제
거, 거담, 장내 가스 배출,
모유 분비 촉진 등

허브티 다이어트에 최고

▶ 펜넬 허브티

펜넬 시드로 만드는 허브티는 카레처럼 화하면서 감미로운 향이 나고, 깨끗한 맛이 특징이다. 고대 그리스 시대부터 다이어트에 좋은 차로 여겨져 왔다.

효능

장내의 가스를 배출하고 소화를 돕기 때문에 부종이나 푸석살 등 다이어트 전반에 효과가 있을 것으로 보인다.

그 밖의 활용법

블렌딩 티에 포인트로 사용하는 편이 마시기 편하다. 특히 홍차와 섞어서 차이처럼 만들어 마시면 정말 맛있다.

RECIPE

펜넬 시드(1/2~1큰술)를 찻주전자에 넣고 뜨거운 물을 부어 뚜껑을 덮고 5~8분 우린다. 성분이 더 잘 우러나도록 막자 등으로 조금 으깨어 사용하면 효능이 커진다.

※ 임신 중에는 다량의 음용을 삼간다.

요리 생선 요리와 찰떡궁합

생선 요리에 잘 맞는 허브로 유명해서, 씨앗과 잎을 가리지 않고 요리용 소스부터 날생선이나 염장 생선의 비린내 제거 등에 두루 쓰인다. 또한 잎은 식초나 기름에 향을 낼 때, 어린잎은 샐러드에, 뿌리는 수프에도 이용된다. 씨앗은 카레 가루의 원료로도 알려졌는데, 소화를 돕고 입 냄새를 없애는 효과가 있어서 인도에서는 식후에 씨앗을 씹는 습관도 있다.

▲ 펜넬시드를 넣은 반죽을 고리 모양으로 만들어서 구운 남이탈리아의 전통 빵 타랄리니(Tarallini)

왼쪽) 펜넬 잎을 곁들인 흰살생선찜
오른쪽) 펜넬로 풍미를 더한 독일 대표 음식 사우어크라우트(Sauerkraut, 양배추절임)

※ 임신 중에는 다량의 사용을 삼간다.

미용·건강

효능(정유)

• 어깨결림 • 요통 • 부종 • 위통
• 식욕 부진 • 변비 • 숙취
• 자신감 상실 • 생리통
• 다이어트 • 갱년기 증상 등

▲ 펜넬 정유

입욕제나 마사지에 활용

알싸하고 개성적인 향 사이로 꽃향기가 아른거리는 펜넬 정유. 변비나 소화 기능이 떨어졌을 때 정유를 캐리어 오일로 희석해서 복부를 마사지하면 효과가 있다. 또한 남은 오일을 욕조에 넣고 몸을 담그면 부종이나 피로감을 줄여준다.

※ 임신 중, 피부가 민감한 사람은 사용을 피한다.

재배 방법 재배 난이도 : ★★★★☆

	1	2	3	4	5	6	7	8	9	10	11	12
씨앗 심기				▬	▬	▬		▬	▬	▬		
개화기							▬	▬				
수확							▬	▬	▬	▬		

주의점

• 햇볕과 통풍이 좋은 장소에서 키운다.
• 풀이 높게 자라면 잘 쓰러지므로 지지대를 세운다.
• 딜 등의 동일한 미나릿과 허브와 교잡하기 쉬우니 주의한다.

▶ 다 자라면 1~2m나 된다.

아마
FLAX

**석기 시대부터 쓰인
리넨을 만드는 섬유작물**

▲ 플랙 시드(아마 씨)

▶ 아름다운 푸른 꽃이
화단가를 빛내준다.

아마의 줄기에서 채취하는 질긴 섬유로 만든 실과 직물이 바로 리넨(linen)이다. 석기 시대부터 섬유의 원료로써 이용되었으며, 기원전 5000년대에는 고대 이집트인이 미라를 감싸는 천으로 썼다고 전해진다.

현재 일본에서는 홋카이도에서 많이 재배되고 있다. 우리나라의 경우 1960년 이후에는 거의 재배하지 않고 수입에 의존하고 있다. 씨앗에서 추출되는 아마 씨 기름(아마인유)은 유화 재료인 용해유와 도료의 원료가 되며, 식용으로도 사용되어 성인병(생활습관병) 예방이나 알레르기 완화 등에 효과가 기대되고 있다. 기름은 쉽게 산화되므로 서늘하고 어두운 곳에 보관하고 빠르게 써서 없애는 것이 좋다. 임산부는 씨앗과 기름의 섭취를 삼간다.

DATA

학명 *Linum usitatissimum*
분류 아마과 / 한해살이풀
국문명 아마
원산지 캅카스 지방~중동
식물 높이 60cm~1m
사용 부위 줄기, 씨앗
용도 요리, 티, 미용, 약용, 공예등
효능 배변촉진작용, 항균작용등

❖ 공예 ❖   ✿ 눈 찜질팩

냉각 효과가 있다고 알려진 아마 씨의 매끄러운 촉감을 활용하여 눈 찜질팩을 만들면 피곤한 눈을 부드럽게 달래준다. 라벤더처럼 이완 효과가 높은 허브와 조합해도 좋다.

▶ 씨앗과
아마 씨 기름

❖ 재배 방법 ❖   재배 난이도 : ★★★★★

- 양지바르고 배수만 잘되면 손이 많이 가지 않는다.
- 옮겨심는 것을 싫어하므로 씨앗부터 직접 뿌려서 기른다.

	1	2	3	4	5	6	7	8	9	10	11	12
씨앗 심기												
개화기												
수확												

당아욱
BLUE MALLOW

피부 미용 효과가 뛰어난 '여명의 허브티'

▼ 영어 이름은 블루멜로우지만 꽃은 예쁜 적자색이다.

▲ 크게 자라기 때문에 화단 꾸미기에도 제격이다

다채로운 아욱속 품종 식물 중에서 허브로 널리 이용되는 것이 당아욱이다.

꽃에 뜨거운 물을 부으면 예쁜 파란색 허브티가 되는데, 여기에 레몬즙을 떨어뜨리면 금세 분홍색으로 바뀌는 신기한 특징을 갖고 있다. 이것은 꽃에 함유된 안토시아닌이 레몬에 들어있는 산에 반응해서 색이 변하는 화학반응으로, 바로 이 색 변화 때문에 '여명의 허브티'라고 불린다.

이 빛깔을 오래 즐기고 싶다면 안토시아닌이 더 많이 함유된 블랙 홀리호크(검은색 접시꽃)를 추천한다. 둘 다 항산화 작용이 뛰어나서 모나코 왕비 그레이스 켈리도 애용했다고 한다.

허브티

색의 변화를 감상하는 것만으로도 힐링이 되는 당아욱 티는 맛은 거의 안 나기 때문에 꿀을 넣으면 훨씬 맛있어진다.

효능

피부와 점막을 보호하고 회복시키며, 염증을 가라앉히는 한편 변비 개선에도 효과가 있다고 한다. 특히 여름철 지친 피부를 회복시킬 때 사용하면 좋다.

▲ 당아욱 꽃차

재배 방법
재배 난이도 : ★★★★★

• 예상보다 크게 자라므로 어느 정도 자라면 지지대를 세운다.
• 햇볕이 잘 들고 바람이 잘 통하는 곳에서 키운다.

	1	2	3	4	5	6	7	8	9	10	11	12
씨앗 심기												
개화기												
수확												

DATA

학명 *Malva sylvestris*
분류 아욱과 / 여러해살이풀
국문명 당아욱
원산지 남유럽
식물 높이 60cm~2m
사용 부위 꽃, 잎
용도 요리, 티, 미용, 약용, 공예 등
효능 진정 작용, 진통, 수렴 작용, 항염증, 피부 미용, 변비 개선 등

베티베르
VETIVER

대지가 연상되는
마음 평온해지는 향

▲ 베티베르 잎

▶ 베티베르 뿌리

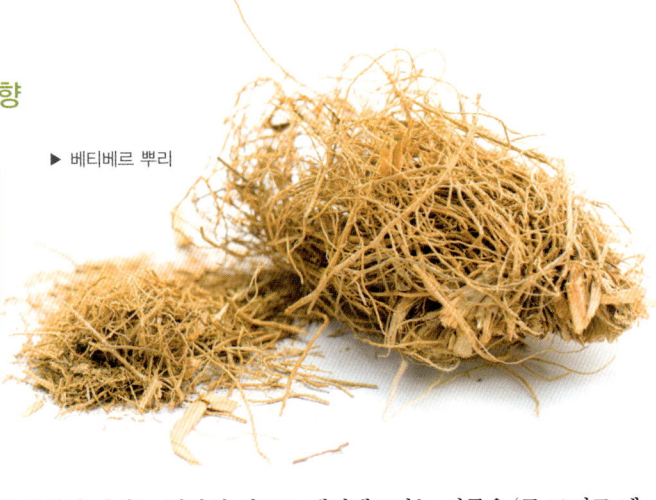

열대에서부터 아열대에 걸쳐서 자라는 볏과의 허브로 베티베르라는 이름은 '큰 도끼로 베다'라는 뜻을 지닌 타밀어에서 유래했다. 인도에서는 쿠스쿠스(khuskhus, 향이 진한 뿌리)라고 하는데, 일본에서 부르는 가스카스가야는 여기서 따온 이름이다. 고대 인도에서는 종교의식에 훈향으로 태워서 사용했고 향주머니나 방충제로도 활용했다.

정제한 정유에서는 나무와 흙을 연상시키는 이국적인 향이 나는데, 인도나 스리랑카에서는 '안정의 기름'이라고 부른다. 진정 작용이 뛰어나서 스트레스나 긴장을 풀어주는 효과가 있다. 비누와 향수의 원료로도 사용되며 샤넬의 향수 'No5'의 베이스 노트로 유명하다.

DATA
학명 Chrysopogon zizanioides
분류 볏과 / 여러해살이풀
국문명 베티베르
원산지 인도, 동남아시아
식물 높이 2~3m
사용 부위 뿌리
용도 미용, 공예 등
효능 스트레스와 같은 신체화 장애 완화, 혈행 촉진, 피로 해소, 거친 피부 개선 등

미용·건강

자기 전 휴식과 이완이 필요할 때
불안이나 긴장으로 쉽게 잠들지 못할 때는 티슈에 베티베르 오일을 한두 방울 떨어뜨려 머리맡에 두면 중후하고 깊은 향기가 적당히 나서 숙면을 도와준다. 라벤더, 벤조인(Benzoin) 등의 다른 정유와 혼합해도 괜찮다.

▶ 베티베르 오일

효능(정유)
· 불면
· 거친 피부
· 스트레스 등

재배 방법
재배 난이도 : ☆☆☆☆☆
· 가정 재배에 적합하지 않다.

홉
HOP

**맥주의 풍미에 필수적인
덩굴성 식물**

▶ 솔방울처럼 생긴 구화

암그루에 피는 구화가 맥주의 원료가 되는 삼과 식물이다. 맥주에 홉을 넣는 이유는 쓴맛과 향을 부여하고, 살균작용을 하여 오래 보존하기 위해서다. 카스피해와 흑해 사이에 자리한 캅카스 지방에서는 기원전 1세기경부터 홉을 넣은 맥주를 제조했다고 한다.

건위(위의 소화를 촉진시키는 일)와 진정 효과가 있다고 여겨져서 중세 유럽에서는 주로 약초로 사용되었다. 2014년에는 교토대학과 삿포로맥주 주식회사 가치창조 프론티어 연구소에서, 홉에 함유된 성분에 알츠하이머 예방 효과가 있다는 내용을 미국 화학 잡지에 발표했다. 이 성분은 맥주 제조과정에서 제거되지만, 앞으로의 연구에 기대가 모이고 있다.

허브티

말린 구화를 허브티로 마신다. 쓴맛이 나서 마시기 힘들면 꿀이나 설탕을 첨가한다.

효능

불안이나 긴장을 풀어주는 효과가 있어서 불면을 완화해준다.

▲ 홉 허브티

재배 방법

재배 난이도 : ★★★☆☆

- 햇볕, 물 빠짐이 좋은 서늘한 장소를 좋아한다.
- 덩굴이 길어지면 지지대를 세워서 휘감아 자라게 한다

	1	2	3	4	5	6	7	8	9	10	11	12
모종 심기												
개화기												
수확												

DATA

학명 *Humulus lupulus*
분류 삼과 / 여러해살이풀
국문명 홉, 호프
원산지 캅카스 지방
식물 높이 7~12m
사용 부위 꽃
용도 티, 공예 등
효능 진정 작용, 이뇨 작용, 숙면, 항균 작용, 갱년기 증상의 완화 등

보리지
BORAGE

**염료로 활용되는
별 모양의 파란 꽃**

◀ 별 모양 꽃이 특징

▲ 보리지 씨앗

원산지는 지중해 연안이고, '마돈나 블루'라는 별칭대로 별처럼 생긴 파란 꽃이 핀다. 이 꽃에서 짜낸 즙이 아름다운 푸른색을 띠기 때문에, 옛날 화가들이 성모 마리아의 푸른색 옷을 칠할 때 사용했다고 한다.

또한 잎이나 꽃에는 항우울 작용 및 아드레날린 분비를 촉진하는 성분이 함유되어 있다. 그래서 고대 그리스 시대부터 약용으로 쓰였으며, 유럽에서는 오래전부터 '용기를 불어넣는 꽃'으로 신봉되어, 중세 기사들이 보리지 허브티를 즐겨 마셨다.

은은하게 단맛과 신맛이 나는 꽃은 설탕에 절여서 케이크 등에 사용한다. 오이와 비슷한 풍미를 지닌 어린잎은 샐러드나 튀김으로 제격이다.

DATA

학명 *Borago officinalis*
분류 지치과 / 한해살이풀
국문명 보리지
원산지 지중해 연안
식물 높이 60cm〜1m
사용 부위 잎, 꽃
용도 요리, 티, 미용, 약용, 공예 등
효능 항우울, 진통, 강장, 해열, 소염, 피부 상태 개선, 발한 작용, 이뇨 작용 등

미용 · 건강

🧪 **효능(정유)**
· 아토피
· 건조한 피부
· 주름 등

🌿 **미용 오일로 활용**
보리지 오일은 뛰어난 보습 효과로 피부의 수분을 유지해주기 때문에 피부 관리에 쓰인다. 쉽게 산화되는 특징이 있어서, 산화 방지 겸 다른 식물유로 희석하여 캐리어 오일(베이스 오일 또는 식물성 오일)로 사용되는 경우가 많다.

재배 방법

재배 난이도 : ★★★★☆

· 햇볕과 물 빠짐이 좋고 조금 건조한 흙에서 키운다.
· 과습에 취약하므로 주의한다.

	1	2	3	4	5	6	7	8	9	10	11	12
씨앗 심기			▬▬					▬▬				
개화기					▬▬▬▬▬							
수확					▬▬▬▬▬							

마시멜로
MARSH MALLOW

양과자 '마시멜로'의 기원인
목을 보호하는 허브

▲ 지름 2~3cm 정도의
귀여운 꽃이 핀다.

▶ 벨벳 같은 촉감의 잎이 난다.

수많은 아욱과 식물 중에서도 특히 약효가 뛰어난 품종으로 취급된다. 고대 시리아와 이집트에서 식용으로 재배하기 시작했다.

마시멜로는 뿌리의 점액에 약효 성분을 가장 많이 함유하고 있으며, 목이나 장내의 상처난 점막을 회복시키는 작용이 있다고 여겨졌다. 이 점액을 용해시킨 물에 설탕을 첨가해서 엿처럼 만든 달콤한 페이스트를 옛날에는 마시멜로라고 불렀는데, 여기에서 현재의 양과자 마시멜로가 유래한 것으로 추측한다. 뿌리는 점막을 보호하는 효과가 강해서 다른 의약품의 흡수를 지연시키기도 한다.

어린잎은 채소로써 샐러드로 활용하고, 잎과 꽃은 말려서 허브티로 우려 마신다.

허브티

뿌리 또는 말린 꽃이나
잎을 끓인 허브티는 향
이 적고 은은한 단맛과
점성이 있다.

🧪 효능

점막을 보호하고 염증을 완화한
다. 따끔거리는 목이나 기침, 구
내염, 위궤양 개선에 효과가 있다.

※ 약을 먹기 전후 2시간은 음용을 삼간다.

▲ 마시멜로 뿌리

재배 방법

재배 난이도 : ★★★★☆

• 햇볕과 물 빠짐이 좋은 땅을
  선호한다.
• 크게 자라므로 포기 사이를
  넓게 띄워서 심는다.

	1	2	3	4	5	6	7	8	9	10	11	12
씨앗 심기												
개화기												
수확												

DATA

학명 *Althaea officinalis*
분류 아욱과 / 여러해살이풀
국문명 마시멜로
원산지 유럽, 중앙아시아
식물 높이 1~2m
사용 부위 잎, 꽃, 뿌리
용도 요리, 티, 약용, 공예 등
효능 점막 보호, 항염증, 진통,
거담, 이뇨 작용, 변비 개선,
건위 등

머틀
MYRTLE

사랑의 여신에게 바쳐진 '축하의 나무'

◀ 흰 매화 같은 사랑스러운 꽃이 핀다.

▲ 머틀 열매

'축하의 나무'라고도 불리는 머틀은 그리스 신화와 구약성서에도 등장하는 신성한 허브다. 그리스 신화에 나오는 사랑의 여신 아프로디테의 신목이기 때문에, 유럽에서는 여성의 순결을 상징하는 나무로써 결혼식의 장식이나 부케 등에 이용하는 풍습이 있다.

꽃이 흰 매화와 비슷하게 생겨서 은매화라는 이름으로도 불리며, 일본에서는 다실을 꾸미는 꽃으로도 쓰인다.

유칼립투스 같은 향기를 지닌 잎은 비비면 풍미가 강해져서 고기 요리에 향을 내거나 허브티로 마시면 좋다. 또한 원산지인 지중해 지방에서는 머틀 열매로 리큐어도 만드는 등 다양하게 활용되고 있다.

DATA

학명 *Myrtus communis*
분류 도금양과 / 늘푸른떨기나무
국문명 은매화
원산지 지중해 연안
식물 높이 2~3m
사용 부위 꽃, 잎, 가지, 열매
용도 요리, 티, 미용, 약용, 공예등
효능 진정 작용, 수렴 작용, 살균, 항균 작용, 소염 등

❋ 향신료로 쓰이는 열매

블루베리를 작고 길쭉하게 늘린 듯한 검은 열매는 생으로 먹으면 떫은맛이 강하기 때문에, 말려서 요리에 향신료로 쓰면 괜찮다. 고기 요리는 물론이고 포도주나 발사믹 식초에도 어울러서 소스의 풍미를 살릴 때 사용하기 좋다.

요리

▲ 머틀 열매 리큐어

재배 방법

재배 난이도 : ★★★★☆

- 볕이 잘 들고 물 빠짐이 좋은 장소를 선호한다.
- 추위에 약하므로 찬바람을 피해서 심는다.

	1	2	3	4	5	6	7	8	9	10	11	12
모종 심기				■							■	
개화기					■							
수확						■						

Column 04
증상별 허브티 블렌딩 레시피 1

감기 기운이 있을 때나 잠들지 못할 때, 일하는 중간에 기분 전환하고 싶을 때 등, 각각의 증상에 알맞은 추천 허브와 블렌딩 레시피. 허브가 지닌 효능이나 향을 조합하여 그날의 컨디션에 따라 자신만의 허브티를 즐겨 본다.

파란 글씨 ······ 허브
검은 글씨 ······ 허브 이외의 재료

 기분 전환을 하고 싶을 때

| 장미 + 라벤더 | 나비완두콩 + 레몬그라스 |

| 로즈메리 + 페퍼민트 |

 푹 자고 싶을 때

오렌지 껍질 + 레몬그라스 + 발레리안

캐모마일 + 페퍼민트

캐모마일 + 레몬밤 + 시계꽃 + 오렌지 껍질

 꽃가루 알레르기를 가라앉히고 싶을 때

| 엘더 | 소엽 + 국화 + 녹차 |

서양쐐기풀 + 페퍼민트

캐모마일 + 로즈힙 + 에키네시아

 감기를 빨리 낫게 하고 싶을 때

캐모마일 + 타임 + 커먼세이지

소엽 + 생강 +
귤(온주밀감, 진피) + 리코리스

 스트레스와 불안을 해소하고 싶을 때

라벤더 + 레몬밤

금목서 + 귤(온주밀감, 진피) + 홍차

 두통을 완화하고 싶을 때

라벤더 + 페퍼민트

피버퓨 + 페퍼민트 + 레몬밤

마저럼
MARJORAM

감미로운 향기에 마음이
포근해지는 행복의 상징

▲ 줄기와 잎에서 달콤한 향이 난다.

▲ 작고 하얀 꽃이 핀다.

지중해 연안에서 이집트, 북아프리카에 걸친 지역이 원산지다. 일반적으로 사용되는 품종은 주로 스위트 마저럼(Sweet marjoram)이고, 야생 마저럼으로도 불리는 오레가노는 동속이종에 해당한다.

고대 그리스 시대에 이미 재배가 이루어져서 소화를 촉진하는 약이나 향료, 화장품으로 폭넓게 활용되었다. 또한 행복의 상징으로 여겨서 결혼식에 마저럼으로 만든 화관을 썼고, 죽은 자의 영혼에 평안을 가져다주는 식물로 묘지에도 심었다고 한다. 중세 유럽에서는 정유를 추출하는 귀한 식물로 대접받았으며, 이밖에도 불가사의한 힘이 깃들었다고 믿어 마귀를 쫓는 부적으로도 쓰였다.

일본에는 메이지 시대에 전해졌으나 최근에야 보편적으로 활용되고 있다.

주로 잎을 식용으로 사용하며 달콤하고 싸한 향이 특징이다. 마저럼 허브티나 정유에는 스트레스 해소, 숙면 등을 유도하는 효과가 있고, 생으로나 말려서 먹을 수 있어서 폭넓은 요리에 쓰인다. 특히 토마토 요리에 아주 잘 어울린다.

DATA
학명 *Origanum majorana*
분류 꿀풀과 / 여러해살이풀
국문명 마저럼, 마조람
원산지 지중해 연안
식물 높이 30~60cm
사용 부위 잎, 꽃
용도 요리, 티, 미용, 약용, 공예 등
효능 방부 작용, 진정 작용, 복부 경련 완화, 이뇨 작용, 소화 촉진, 발한 작용, 온열 작용, 혈압 강하, 진통 등

▲ 마저럼 차

🏷 허브티 식욕 증진과 숙면에 효과적

자양강장제처럼 티로 마시는 지역이 있지만 아리고 써서 허브티로 적합하다고는 할 수 없다.

🧪 효능

식전에 마시면 식욕을 돋우고, 식후에 마시면 체내의 독소를 배출하여 소화를 촉진하는 작용이 있다. 또한 진정 작용도 뛰어나서 자기 전에 마시면 숙면 효과를 얻을 수 있다.

❀ 그 밖의 이용 방법

풍미를 눌러서 마시기 좋게 하려면 서양쐐기풀이나 라즈베리처럼 부드러운 풍미의 허브와 블렌딩한다.

▶ 말린 마저럼 잎

RECIPE

말린 마저럼 잎(1/2~1큰술)을 찻주전자에 담고 뜨거운 물을 부어 뚜껑을 덮고 2~3분 우린다.

※ 임신 중에는 음용을 피한다.
※ 심장 질환이 있는 사람은 사용량에 주의한다.

⚜ 요리 ⚜ 소시지 요리에는 빠지지 않는 향신료

이탈리아에서는 요리에 향을 낼 때 흔히 사용하는데 양고기나 내장처럼 특유의 냄새가 나는 고기 요리와도 아주 잘 맞는다. 특히 누린내를 없애려고 소시지에 자주 사용해서 독일에서는 '소시지를 위한 허브'라고도 부른다. 잎과 줄기에서 달콤한 향기와 은은한 쓴맛이 나며, 미트로프나 햄버그스테이크, 스튜 등에 쓰인다. 마무리 직전에 넣으면 향을 더 진하게 남길 수 있다.

※ 임신 중에는 사용을 피한다.

▲ 폴란드 음식 쥬렉(Zurek). 마저럼과 소시지, 달걀 등이 들어간 전통 수프.

❀ 보관법

쓰고 남은 마저럼은 냉동 보관하거나, 물로 씻어 말린 뒤 봉투에 담아 보관하면 향기도 오래간다. 또한 허브 식초로 만들거나 올리브유에 담가서 허브 오일로 쓸 수도 있다.

◀ 마저럼 허브 오일

▶ 마저럼으로 향을 입힌 로스트 치킨

⚜ 재배 방법 ⚜ 재배 난이도 : ★★★★★

	1	2	3	4	5	6	7	8	9	10	11	12
씨앗 심기				▬	▬	▬						
개화기						▬	▬	▬				
수확					▬	▬	▬					

✂ 주의점

· 내한성이 있다.
· 장마철이나 기온이 높은 여름철에는 통풍이 잘되도록 관리한다.
· 한겨울에는 화분에 옮겨 심고 따뜻한 실내에 둔다.

▲ 잎이 작고 빽빽하게 난다

말리화(아라비아 재스민)
ARABIAN JASMINE

**순백의 아름다운 꽃에서
퍼지는 달콤하고 우아한 향기**

▶ 치자꽃과 향이 비슷한 말리화

재스민차의 원료로 달콤하고 고급스러운 향기가 난다. 약 300종으로 이루어진 물푸레나 뭇과 영춘화속을 통틀어 재스민이라고 하는데, 오직 말리화만이 재스민차의 착향에 쓰인다. 오키나와에서 마시는 산핀차도 녹차에 말리화 향을 입힌 것이다. 필리핀과 인도네시아의 국화로도 친숙하다.

 말리화 꽃을 햇볕에 말린 한방 생약은 자율신경을 조절하고 기분을 차분하게 가라앉히는 작용을 한다. 또한 초조하거나 침울해서 생기는 식욕 부진이나 소화 불량, 가슴 답답한 증상에도 효과가 있다.

 고대 이집트에서는 정유를 '묘약'으로 사용했으며, 클레오파트라도 재스민 향을 애용했다고 한다.

DATA

학명 Jasminum sambac
분류 물푸레나뭇과 / 반덩굴성
　　　 늘푸른떨기나무
국문명 말리화
원산지 인도, 동남아시아
식물 높이 1m50cm~3m
사용 부위 꽃, 뿌리, 꽃봉오리
용도 티, 미용, 약용, 공예 등
효능 자율신경 조절, 소화 촉진,
　　　 소화 불량·가슴 답답한 증
　　　 상 개선 등

허브티

매혹적인 향기를 즐기는 차. 80℃ 전후의 너무 뜨겁지 않은 물로 우리면 좋다.

효능

미용 효과 및 위장 기능의 조절 외에도 냄새 제거 효과가 있어서 식후에 마시면 입냄새를 줄여준다.

▲ 재스민 티

재배 방법　　재배 난이도 : ★★☆☆☆

• 추위에 약하므로 계절에 따라 장소를 옮긴다.
• 화분은 2~3년에 한 번 옮겨 심는다.

	1	2	3	4	5	6	7	8	9	10	11	12
모종 심기				▬				▬				
개화기						▬▬						
수확						▬▬						

마리골드
MARIGOLD

**죽은 자들의 날을 오렌지빛으로
물들이는 황금꽃**

◀ 멕시칸마리골드

▶ 프렌치마리골드

▲ 아프리칸마리골드

성모 마리아 승천 대축일(8월15일)에 꽃이 폈다고 해서 '마리아의 황금꽃'이라고도 불리는 마리골드. 멕시코에서는 죽은 자들의 날(Día de Muertos, 10월31일~11월2일)을 장식하는 꽃으로 쓰인다.

50여 종의 품종이 있으며, 크게 아프리칸종, 프렌치종, 멕시칸종 세 가지로 나뉜다. 아프리칸종은 줄기가 굵고 키가 크게 자라며 꽃은 대륜으로 핀다. 프렌치종은 키가 작고 여러 개의 작은 꽃송이가 피며, 종류에 따라 홑꽃잎과 겹꽃잎으로 핀다. 멕시칸종은 다른 두 종에 비해 잎이 가늘며 꽃은 홑꽃잎이고 2센티미터로 작다.

관상 목적 이외에도 뿌리에는 선충방제 효과가 있어서 정원에 동반 식물로 심으면 좋다.

🌱 드라이플라워 만들기 　**공예**

드라이플라워로 만들었을 때도 부피감이 살아 있는 대륜 마리골드를 추천한다. 모양이 망가지지 않도록 신선한 마리골드를 사용한다.

▲ 마리골드 꽃목걸이

❖ 재배 방법 ❖　재배 난이도 : ★★★★★

- 햇볕과 통풍이 좋은 장소에서 키운다.
- 흙이 마르면 물을 듬뿍 준다.

	1	2	3	4	5	6	7	8	9	10	11	12
씨앗 심기												
개화기												
수확												

DATA

학명 *Tagetes*
분류 국화과 / 한해살이풀,
　　　여러해살이풀
국문명 마리골드, 천수국(아프리칸),
　　　만수국(프렌치)
원산지 멕시코
식물 높이 30cm~1m20cm
사용 부위 꽃
용도 공예
효능 방충(정원)

만다린 오렌지
MANDARIN ORANGE

**아이들도 좋아하는
달콤한 향기**

▲ 가을부터 겨울에 걸쳐서
열매가 열린다.

◀ 잎이 달린 만다린 오렌지와 단면

중국 청나라의 관료를 만다린이라고 하는데, 그들이 입던 옷이 열매의 색과 같다고 해서 붙여진 이름이다. 인도 아삼 지방이 원산지로, 교배를 거듭하면서 세계 각지로 파생되어 여러 품종이 생겨났다. 다른 오렌지에 비해 껍질이 얇아 손으로 깔 수 있다. 열매는 과즙 이 많으며 신맛이 적고 당도가 높아서 보통은 생으로 먹는다.

만다린 오렌지는 향기가 매우 좋아서 향수는 물론, 케이크 등의 제과 재료로도 쓰인다. 진하게 풍기는 달콤한 향기는 아로마 요법으로 활용되며, 광독성이 적어서 어린아이에게 사용하기도 좋아 인기가 있다. 프랑스에서는 '어린이를 위한 에센스'로 불린다고도 한다.

DATA
학명 *Citrus reticulata*
분류 운향과 / 늘푸른떨기나무
국문명 만다린
원산지 인도, 아삼 지방
식물 높이 30cm~1m20cm
사용 부위 열매
용도 요리, 티, 미용, 약용 등
효능 식욕 증진, 소화 개선, 이완
효과, 미용 효과 등

미용 · 건강

🌿 **힐링 되는 오렌지 향기**

🧪 **효능(정유)**
· 불안 · 흥분

달콤함이 특징인 향기 성분에는 교감 신경을 진정 시키고 마음을 평온하게 하는 작용이 있어서 흥분 한 아이를 차분하게 하며 불면에도 효과가 있다.

▲ 만다린 오렌지
아로마 오일

재배 방법

재배 난이도: ★★★★☆

· 양지바르고 배수가 잘되는 곳
에서 키운다.
· 내한성이 낮으므로 한랭지에
서는 화분에 심어 키운다.

	1	2	3	4	5	6	7	8	9	10	11	12
모종 심기												
개화기												
수확												

귤 (온주밀감)
CITRUS UNSHIU

일본에서 탄생한 싱싱한 향기

▲ 완숙 귤

▲ 귤껍질을 말린 진피

약 500년 전에 가고시마현의 시라누이해(현재의 야쓰시로해) 연안에서, 중국으로부터 들여온 감귤 씨앗이 우연히 싹이 터서 생겨난 변이종으로 알려져 있다. 늘푸른떨기나무의 열매로 수많은 품종이 재배되고 있으며, 주로 식용으로 이용된다. 상당히 많은 베타크립토잔틴(β-cryptoxanthin)이 들어있는데, 이 성분에는 강한 발암 억제 효과가 있다는 연구가 보고되어 최근 주목받고 있다.

귤껍질도 용도가 매우 다양해서, 건조시켜 생약으로 쓰거나 껍질에서 채취한 정유를 아로마요법과 향수, 세제에 활용하고 있다. 또한 정유에 함유된 리모넨 성분에는 합성수지를 녹이는 성질이 있어서 플라스틱 모델용 접착제로 쓰이는 등 사용의 폭이 넓어지고 있다.

🌿 양념 재료로 활용

귤껍질을 말려서 만드는 생약을 진피라고 하는데, 일본에서는 신선한 진피를 혼합 조미료인 시치미토가라시의 재료로 쓴다. 매운맛 사이로 비치는 어렴풋한 귤 향기가 요리를 더욱 빛내준다.

🍴 요리

▲ 시치미토가라시

📛 재배 방법   재배 난이도 : ★★★★☆

- 깊이와 폭이 약 50cm 정도 되는 구덩이를 파서 심는다.
- 가을부터 겨울까지는 건조하게 돌본다.

	1	2	3	4	5	6	7	8	9	10	11	12
모종 심기			▬	▬								
개화기					▬							
수확										▬	▬	▬

DATA

학명 *Citrus unshiu*
분류 운향과 / 늘푸른떨기나무
국문명 온주밀감
원산지 일본
식물 높이 1m50cm~2m50cm
사용 부위 열매, 껍질
용도 요리, 티, 미용, 약용 등
효능 피로 해소, 정장 작용, 이완
효과, 골다공증 예방 등

파드득나물
JAPANESE HONEYWORT

일본 음식에 어울리는 상쾌한 향

▶ 가장 대중적인 실파드득나물

일본에서는 에도 시대부터 재배되어 전골이나 국, 무침 등에 다양하게 이용해 왔다. 잎이 세 개로 나뉘어져 있어서 삼엽채라고도 부른다. 또한 뿌리파드득나물, 절단파드득나물, 실파드득나물로 나눠서 유통한다. 뿌리파드득나물은 뿌리가 붙은 채로 출하되며 줄기가 굵고 뿌리는 가는 우엉처럼 생겼다. 잎에서 뿌리까지 한꺼번에 먹을 수 있어서 무침이나 튀김 등 파드득나물이 주가 되는 요리에 많이 쓰인다.

절단파드득나물은 뿌리를 잘라서 판매하는 것이다. 줄기가 하얗고 보기 좋아서 정월 초 하루에 먹는 특별한 음식 등에 쓰기 알맞다. 실파드득나물이 가장 일반적이며, 주로 국물이나 덮밥에 향을 내는 고명으로 사용된다.

DATA

학명 *Cryptotaenia japonica*
분류 미나릿과 / 여러해살이풀
국문명 파드득나물, 삼엽채
원산지 일본, 중국
식물 높이 40~50cm
사용 부위 잎, 줄기
용도 요리, 약용 등
효능 스트레스·불안감 완화, 어깨 결림 완화, 식욕 부진 개선 등

🌿 풍부한 향을 만끽

파드득나물의 잎은 열을 가하면 풍미가 옅어지므로, 가능하면 익히지 말고 그릇에 담아 곁들여 먹어야 향을 잘 느낄 수 있다. 반대로 뿌리파드득나물은 데치는 편이 먹기 좋아서 나물 등으로 요리하기 알맞다.

◢ 재배 방법 ◣　재배 난이도 : ★★★★★

· 직사광선을 피해서 반음지의 습도가 높은 곳에서 키운다.
· 씨앗 심기 전날에 하룻밤 물에 담갔다가 씨앗을 뿌린다.

◢ 요리 ◣

▲ 가쓰오부시를 넣어 무친 뿌리파드득나물

	1	2	3	4	5	6	7	8	9	10	11	12
씨앗 심기												
개화기												
수확												

양하
MYOGA

시원한 향과 식감을 가진,
일본 음식에 빼놓을 수 없는
향미 채소

▲ 여름과 가을이 제철인 양하

▲ 양하 단면

3세기 말에 쓰인 중국 서적 《위지왜인전》에도 기록이 남아있을 만큼 역사가 오래되었다. 일반적으로 꽃이 피기 전 꽃봉오리에 해당하는 부분을 사용한다.

　일본에서는 오래전에 불면증이나 생리 불순에 효과적인 생약으로 쓰였다. 에도 시대에는 "양하를 먹으면 건망증이 심해진다"라는 말도 있었지만, 최근에는 양하의 향 성분이 머리를 맑게 하는 작용을 하는 것으로 보고 있다.

　아삭아삭한 식감과 특유의 향, 은은한 쓴맛이 식욕을 돋워서, 일본 음식에는 빼놓을 수 없는 향미 채소가 되었다. 현재는 일본을 포함한 아시아 일부 지역에서만 식용하고 있다.

🌿 일본 요리에 고명으로 활용　　요리

양하는 떫은맛이 있어서 물에 담갔다가 사용하는 것이 일반적이다. 채 썰어서 생선회에 곁들이거나 잘게 다져서 국수류의 고명으로 올리고, 단촛물에 절이거나 튀겨 먹어도 맛있다.

▲ 국수에 고명으로

재배 방법　　재배 난이도 : ★★★★☆

· 여름의 높은 온도와 건조한 날씨를 피할 수 있는 반음지를 좋아한다.

· 땅에 심으면 땅속줄기로 퍼져 나간다.

	1	2	3	4	5	6	7	8	9	10	11	12
모종 심기												
개화기												
수확												

DATA

학명 *Zingiber mioga*
분류 생강과 / 여러해살이풀
국문명 양하
원산지 동아시아
식물 높이 30cm~1m
사용 부위 꽃봉오리, 줄기
용도 요리
효능 발한 작용, 식욕 증진, 항균 작용, 해독 작용, 혈행 촉진, 감기 예방, 생리통 생리 불순 완화 등

민트
MINT

상쾌한 향으로 사랑받는 허브의 대명사

▲ 스피어민트 잎

▲ 스피어민트보다 잎이 뾰족한 페퍼민트

이제는 일본인에게도 친숙한 민트는 그리스 신화에 등장하는 요정 멘테(Menthe)에서 유래한 이름이다. 이 멘테라는 요정은 빼어나게 아름다워서 지옥의 신 하데스의 총애를 받았다. 그러자 하데스의 부인 페르세포네가 질투에 눈이 멀어 멘테의 모습을 풀로 바꾸어 버리고 말았다. 그 풀이 지금의 민트가 되었으며, 청량한 향기로 여전히 자신의 존재를 주위에 알리고 있는 것이다.

민트는 이렇게 신화에 등장할 정도로 3500년 이상 사랑받아 온 허브다. 현재는 600종 이상의 품종이 있으며 주로 페퍼민트 계열과 스피어민트 계열로 크게 나뉜다. 코가 뻥 뚫리는 듯한 특징적인 향기는 페퍼민트가 강해서, 껌이나 치약에 많이 이용된다. 유럽에서 약용으로 쓰이는 민트 역시 대부분 페퍼민트로, 정유에는 강력한 항균 작용과 냉각 작용이 있다.

스피어민트는 페퍼민트보다 더 역사가 오래되었다. 스피어민트가 단맛이 강하고 상쾌한 느낌이나 향기도 부드러워서 과자나 술에 많이 쓰인다.

DATA
학명 *Mentha piperita* (페퍼민트)
Mentha spicata (스피어민트)
분류 꿀풀과 / 여러해살이풀
국문명 양박하(페퍼민트),
녹양박하(스피어민트))
원산지 유라시아 대륙
식물 높이 10cm~1m
사용 부위 잎, 꽃, 줄기
용도 요리, 티, 미용, 약용, 공예 등
효능 진정 작용, 진통, 발한 작용, 강장, 거담, 살균, 해열, 소염, 냉각 작용 등

요리 — 디저트와는 환상의 짝꿍!

▲ 팬케이크에 토핑

요리에는 주로 생잎을 쓴다. 소스 등에 향을 더할 때도 쓰이지만, 샐러드 장식으로 이파리를 올리거나 설탕에 절였다가 홍차에 넣기도 한다. 사과처럼 신선한 향이 나는 애플민트는 디저트와 환상의 짝꿍이다. 초콜릿과도 궁합이 잘 맞아서 민트초콜릿 아이스크림도 인기가 많다.

▶ 민트초콜릿 아이스크림

허브티 — 식후에 좋은 소화 촉진 효과

전 세계에서 즐겨 마시는 민트 티는 특히 음주가 금지된 이슬람교권에서 자주 마신다.

🧪 효능
마음을 가라앉히고 기분을 상쾌하게 하며, 감기 초기 증상이나 소화 촉진 등에도 효과가 있다.

◀ 터키의 민트 차

❀ 그 밖의 이용 방법
쿠바에서 시작된 모히토(Mojito)는 여름에 잘 어울리는 칵테일이다. 설탕, 라임, 민트를 섞고 얼음을 넣어 럼주와 탄산수를 부어주면 완성이다.

▶ 모히토 칵테일

RECIPE
신선한 민트 잎(잔가지 3개 정도)과 말린 민트(1작은술)를 찻주전자에 넣고 뜨거운 물을 부어 3~5분 기다린다. 얼음을 담은 컵에 따르면 아이스 민트 티로도 즐길 수 있다.

재배 방법 — 재배 난이도 : ★★★★★

	1	2	3	4	5	6	7	8	9	10	11	12
모종 심기												
개화기												
수확												

▶ 무리 지어 난 스피어민트

✂ 주의점
· 약간 촉촉한 흙을 좋아한다.
· 극단적으로 건조하거나 습해지지 않게 한다.
· 민트끼리 교잡되기 쉬우므로 포기 사이를 1m 이상 띄우고, 화분에 심은 것은 매년 옮겨 심는다.
· 모종부터 심어야 키우기 쉽다.

미용·건강

🧪 효능(정유)
· 초조감　· 졸음
· 여드름　· 꽃가루 알레르기
· 두통　　· 소화 불량
· 구역질　· 근육통

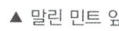

▲ 말린 민트 잎

❀ 말려서 활용
말린 잎을 포푸리나 향주머니에 넣으면 살균 및 방충 효과가 있다.

❀ 입욕제
신선한 민트 잎을 욕조에 넣으면 피부를 개운하게 해주는 효과가 있다.

▲ 스피어민트와 정유

※ 임신 중, 수유 중, 영유아, 민감성 피부에는 사용을 피한다.

야로우
YARROW

**다친 병사들을 치유한 영웅
아킬레우스의 약초**

▶ 사랑스러운 흰 꽃은
드라이플라워로도 제격이다.

고대 그리스 시대부터 이미 지혈을 위한 약으로 이용되었다. 학명의 '아킬레아'는 그리스 신화에 등장하는 영웅 아킬레우스가 트로이 전쟁에서 다친 병사들을 구할 때 야로우를 사용했다는 일화에서 유래했으며, 유럽에서는 실제로 병사들이 전쟁터에 야로우를 가지고 가서 상처를 처치하는 데 썼다.

또한 프랑스나 아일랜드에서는 '성 요한 이브의 약초'라고 부르며 질병이 들어오지 못하도록 출입구에 매다는 풍습이 있었다. 지금도 야로우의 해열, 정장작용(변비, 설효과) 등을 활용하여 약용으로 쓰인다.

원래 일본에도 톱풀(학명 *Achillea alpina*)이라는 재래종이 자생하고 있었다. 그러나 메이지 시대에 유럽에서 도입된 원예용 야로우가 금세 일본 각지로 퍼져나가면서, 지금은 야로우가 더 많이 보이게 되었다. 우리나라에도 '토종 톱풀'이 자생한다.

한편 스웨덴에서는 오래전부터 맥주를 제조할 때나 리큐어에 풍미를 부여할 때 야로우를 이용했으며, 현재도 생잎을 샐러드에 넣어 먹기도 하고 말려서 향신료 및 조미료로 쓰는 등 식용으로도 생활 속에 자리를 차지하고 있다.

DATA
학명 *Achillea millefolium*
분류 국화과 / 여러해살이풀
국문명 서양톱풀
원산지 유럽
식물 높이 50cm~1m
사용 부위 잎, 꽃, 줄기
용도 요리, 티, 미용, 약용, 공예 등
효능 지혈, 해열, 살균, 수렴 작용,
진통, 항염증, 창상, 건위,
혈행 촉진 등

▲ 야로우 허브티

허브티 | 산뜻한 끝맛

야로우 허브티는 또렷한 향과 살짝 맵싸한 맛이 특징이다. 꿀을 넣으면 더욱 맛있게 마실 수 있다.

효능
국화과인 야로우는 몸속의 과도한 열을 식히는 작용이 있어서, 감기나 독감 등의 감염병으로 인한 열이나 염증이 있을 때 마시면 좋다. 또한 부정적인 기분을 정화해 준다고도 한다.

▲ 말린 야로우는 허브티뿐만 아니라 포푸리로도 활용할 수 있다.

RECIPE
말린 야로우(1큰술)를 찻주전자에 넣고 뜨거운 물을 부어 뚜껑을 덮은 뒤 2~3분 우린다.

그 밖의 활용법
야로우, 엘더, 민트(각 1/3작은술)를 블렌딩 티는 유럽에서 오래전부터 감기에 걸렸을 때 마셔왔던 레시피로, 집시들 사이에서 전해지던 방법이다.

※ 임신 중이거나 국화과에 알레르기가 있는 사람은 음용을 피한다.

미용 · 건강

효능(정유)
· 냉한 체질 · 두통 · 위통 · 거친 피부, 여드름
· 불면 · 불안 · 생리통 등

▶ 말린 야로우를 알코올에 담근 허브 팅크처(tincture)는 허브의 유효 성분을 추출하는 방식으로 천연 화장품을 만들 때 활용할 수 있다.

입욕제
야로우 꽃이 필 때 꽃, 잎, 줄기를 베어 말린 것을 주머니에 넣어 욕조에 띄우면 기미나 잡티에 효과가 있다. 냄비에 물을 끓여 야로우를 우리고 걸러낸 다음 목욕물에 섞어도 된다. 피부의 염증을 가라앉히고 신진대사를 활발하게 하는 마리골드나, 혈행을 촉진하는 로즈메리, 여드름에 좋은 라벤더 등을 조합하면 피로한 근육이나 피부를 치유하는 효과가 더 높아진다.

※ 임신 중에는 사용을 피한다. 반드시 패치테스트를 한다.

▲ 야로우 정유

재배 방법 | 재배 난이도 : ★★★★★

	1	2	3	4	5	6	7	8	9	10	11	12
씨앗 심기												
개화기												
수확												

주의점
· 약추위에 강하고 약간 건조한 흙을 좋아한다.
· 척박한 땅에서 더 튼튼하게 자라므로 비료는 적게 준다.

◀ 7월경이 되면 우산 모양의 꽃이 핀다.

벌레 물린 데나 상처 자국에도 효과
항균 작용이 뛰어난 밀랍이나 캐리어 오일에 야로우 정유를 넣어 만든 크림은 벌레 물린 데나 상처 자국에 바르면 피부의 염증을 가라앉혀서 빨리 낫게 해준다.

▲ 야로우 크림

유칼립투스
EUCALYPTUS

**항염증, 항균 작용이 뛰어난
코알라가 제일 좋아하는 식물**

▲ 호주에서 검 넛(gum nut)이라고
부르는 유칼립투스 열매

◀ 유칼립투스 정유는 잎에서
추출된다.

코알라의 주식으로 알려진 유칼립투스는 호주를 중심으로 500이 넘는 품종이 존재한다. 오래전부터 호주 원주민인 애보리진(aborigine)이 상처를 치유하기 위해 약용으로 사용했으며, 18세기경에는 관상용으로 유럽에 전해졌다.

현재는 레몬 유칼립투스 등의 향기 나는 품종과, 유칼립투스 시네리아처럼 눈이 즐거운 관상용 품종이 주로 유통된다. 유칼립투스 정유에는 항염증 및 항균 작용이 있어서 꽃가루 알레르기 증상을 완화하는 데에도 활용되고 있다.

유칼립투스는 대단히 빨리 성장하고 건조한 환경에도 잘 견뎌서, 최근에는 건조 지대의 녹화 수목으로도 수요가 높아지고 있다.

DATA
학명 *Eucalyptus spp.*
분류 도금양과 / 늘푸른큰키나무
국문명 유칼립투스
원산지 호주
식물 높이 6~50m
사용 부위 잎
용도 티, 미용, 약용, 공예 등
효능 살균, 항염증, 해독 작용,
　　　꽃가루 알레르기 완화, 진
　　　통 등

미용 · 건강

🧪 **효능(정유)**
· 근육통 · 감기 · 목의 통증 · 벌레 물린 데 등

❀ **목의 통증이나 감기에 효과적**
민트보다 더 자극적인 향이 나며, 뛰어난 소독 작용과 항염증 작용을 발휘한다. 방향제나 입욕제로 사용하면 감기나 목의 통증, 꽃가루 알레르기에 효과적이다.
※ 허브티 전문점 등에서 판매하는 유칼립투스 찻잎을 사용해야 한다.

재배 방법 　재배 난이도 : ★★★☆☆

· 생각보다 크게 자라므로 크기
를 조절하려면 자주 가지치기
해준다.

	1	2	3	4	5	6	7	8	9	10	11	12
씨앗 심기												
개화기												
수확												

유자나무
YUZU

쌉싸름하면서도 상큼한 향 폭넓게 사용되는 재료

▲ 작고 흰 유자나무 꽃

◀ 껍질을 잘게 썰면 유자 향을 더 진하게 즐길 수 있다.

일본 요리에 조미료로 자주 쓰이는 유자는 생산량과 소비량 모두 일본이 가장 많고, 아스카·나라 시대부터 재배된 것으로 추정된다. 일본식 이름인 'Yuzu(유즈)'가 그대로 영문명이 되었다.

신맛이 강해서 생으로는 먹기 어렵고 주로 가공하여 이용한다. 잼이나 전통 화과자 유베시 같은 단 음식부터 유자 고추와 유자 된장, 폰즈소스 등의 조미료까지 폭넓게 쓰인다.

동짓날에 유자를 욕조에 띄우고 목욕하는 '유자탕'은 에도 시대부터 시작된 풍습이라고 하며 혈행을 개선하고 신경통을 완화하는 것으로 알려졌다. 은근하게 쌉쌀하면서 상큼한 유자 향이 인기를 얻으면서 화장품이나 향수 등의 원료로 활용되고 있다.

🌼 피로 해소, 감기 예방에 효과적 **요리**

둥글게 썬 유자와 동량의 꿀을 용기에 담아 어둡고 서늘한 곳에 보관한다. 면역력 향상, 혈류 개선, 피로 해소 및 이완 효과를 기대할 수 있다.

※ 1세 미만의 유아에게는 먹이지 않는다.

▲ 유자청

재배 방법   재배 난이도 : ★★★★★

· 배수가 잘되고 보수성이 높은 흙을 사용한다.
· 화분에 심을 때는 적옥토와 부엽토를 섞는다.

	1	2	3	4	5	6	7	8	9	10	11	12
모종 심기												
개화기												
수확												

DATA

학명 Citrus junos
분류 운향과/늘푸른작은큰키나무
국문명 유자나무
원산지 중국, 일본
식물 높이 2m
사용 부위 과일, 과일 껍질
용도 요리, 티, 미용, 약용, 공예 등
효능 혈행 촉진, 강장, 피로 해소, 자율신경의 균형 조절, 냉증 개선 등

85

쑥
YOMOGI

**다양한 약효를 지닌
친근한 만능 약**

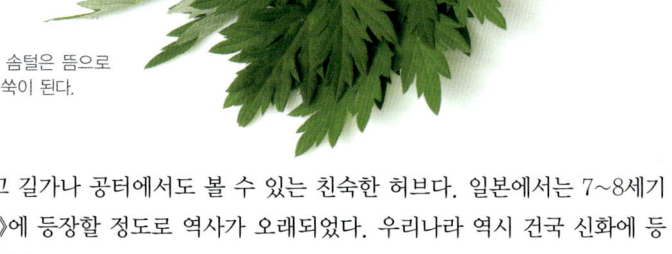

▶ 쑥잎 뒷면의 솜털은 뜸으로
사용하는 뜸쑥이 된다.

산과 들에 자생하고 길가나 공터에서도 볼 수 있는 친숙한 허브다. 일본에서는 7~8세기에 편찬된 《만엽집》에 등장할 정도로 역사가 오래되었다. 우리나라 역시 건국 신화에 등장할 만큼 역사가 깊다.

'허브의 여왕'이라고 불릴 만큼 만능 약초이며, 시금치의 약 10배에 달하는 식이섬유를 함유하고 있어 혈압을 개선하고 콜레스테롤 수치를 낮추는 데 효과가 있다.

한방에서는 애엽(艾葉)이라고 해서 냉증이나 생리통 등의 여성 질환을 치료하는 데 사용된다. 혈액 순환을 개선하여 어깨 결림이나 다크서클에도 좋다고 알려졌다. 또한 생쑥이나 생약을 달여서 그 증기를 흡수하는 우리나라의 전통 민간요법 '쑥 찜질'은 부인과 증상 및 피부 미용에도 효과가 있다.

DATA
학명 Artemisia princeps
분류 국화과 / 여러해살이풀
국문명 쑥
원산지 한국, 일본
식물 높이 50cm~1m
사용 부위 잎
용도 요리, 티, 미용, 약용 등
효능 항산화 작용, 정장 작용, 피부 미용, 피로 해소, 시력 회복, 항암, 다이어트 효과, 온열 작용 등

요리 ❁ 상쾌한 향을 즐긴다
무침이나 튀김 등 먹는 방법은 다양하지만, 특유의 향을 즐기려면 쑥경단을 추천한다. 삶은 어린잎을 갈아서 찹쌀떡과 섞으면 완성이다. 또한 말린 잎으로 끓이는 쑥차는 쓴맛이나 잡맛이 없고 순하다.

▲ 쑥경단

재배 방법 재배 난이도 : ★★★★★
• 번식력이 매우 강하므로 장소를 잘 골라서 심는다.
• 봄이나 가을에는 진딧물 발생이 많으니 주의한다.

	1	2	3	4	5	6	7	8	9	10	11	12
모종 심기			▬					▬				
개화기								▬	▬			
수확					▬	▬	▬					

Column 05
증상별 허브티 블렌딩 레시피 2

 냉증이나 생리통을 완화하고 싶을 때

잇꽃 + 쑥

시나몬 + 카다몬

 거친 피부를 개선하고 싶을 때

서양민들레 + 카렌듈라

캐모마일 + 장미 + 로즈힙

라벤더 + 캐모마일 + 카렌듈라

 과식한 것 같을 때

펜넬(씨앗) + 팔각

고수(씨앗) + 생강

 **어깨결림이나 근육통을
완화하고 싶을 때**

타임 + 로즈메리

 피부 활성화

무늬월도 + 레몬그라스

로젤 + 로즈힙

Arrangement

냉침 허브티 만드는 방법

더운 날이나 목욕 직후처럼 특별히 더 상쾌한 기분을 느끼고 싶을 때는 차가운 허브티를
추천한다. 뜨거운 물에 우린 차보다 떫은맛이 순해지는 장점도 있다.

생수……750ml
말린 허브……5~10g
· 수돗물을 쓸 때는 끓인 뒤 상온에 식혀 둔다.
· 맛이 잘 우러나는 허브는 양을 적게 넣는다.

1. 분량의 허브를 물병에 넣고 상온의 물을 붓는다. 병에 필터가 없을 때는 차 티백 등에 허브를 담는다.
2. 냉장고에 3~10시간 정도 둔다.
3. 허브의 맛과 색이 충분히 우러나면 완성이다.

라벤더
LAVENDER

아름다운 연보라색 꽃과 감미롭고
우아한 향기로 사랑받는 허브의 대명사

◀ 라벤더 품종 가운데 가장
대표적인 잉글리시 라벤더

유럽에서는 오래전부터 대중적인 약초로 소독이나 방충에 쓰였다. 고대 로마인들이 목욕과 세탁에 이용했다고 해서 '씻는다'라는 뜻의 라틴어 lavare(라바레)가 이름의 유래가 되었다.

20세기 프랑스의 과학자 르네 모리스 가트포제가 화상을 입고 순간적으로 상처에 라벤더 정유를 뿌려서 치료한 일이 있었다. 이 경험을 바탕으로 아로마요법이라는 말을 만들고 본격적인 연구를 시작했다고 한다.

일본에서는 1920년대 후반부터 재배가 시작되었다. 향수 및 화장수의 원료가 되는 정유를 생산하기 위해 프랑스에서 5킬로그램 분량의 종자를 수입하여 홋카이도에서 재배했다. 그러나 1960년대 중반에 해외로부터 값싼 향료가 잇따라 수입되자 라벤더 산업은 쇠퇴하고 말았다. 현재는 대부분 관상용으로 재배되고 있다.

주로 아로마 오일이나 포푸리의 원료로 이용되며, 특히 향이 강한 줄기 부분은 정신 안정 및 숙면 유도에 높은 효과가 있다. 이밖에도 허브티나 입욕제, 화장품으로 폭넓게 쓰인다.

DATA
학명 *Lavandula angustifolia*
(잉글리시 라벤더)
분류 꿀풀과/늘푸른작은떨기나무
국문명 라벤다
원산지 지중해 연안
식물 높이 30cm~1m
사용 부위 잎, 꽃, 줄기
용도 요리, 티, 미용, 약용, 공예, 염료 등
효능 진통, 진정 작용, 숙면, 방충, 살균, 소독, 소염, 냄새 제거, 피로 해소 등

허브티 뛰어난 이완 효과

▲ 라벤더 허브티

알싸하고 시원한 풍미와 특유의 달콤한 향기가 특징이다. 향이 너무 강해서 마시기 거북할 때는 찻잎을 적게 넣고 꿀로 단맛을 첨가한다.

효능

긴장이나 불안으로 잠들지 못할 때, 초조할 때 마시면 기분이 안정되어 휴식을 취할 수 있다.

RECIPE

말린 라벤더(1/3~1/2큰술)를 찻주전자에 넣고 뜨거운 물을 부어 2~3분 기다린다.

그 밖의 이용 방법

라벤더만 넣었을 때의 강렬한 풍미가 부담스러운 사람은 장미, 레몬밤, 민트처럼 향이 진한 허브와 섞으면 마시기 편해진다.

미용 · 건강

▶ 라벤더 정유

효능(정유)

• 신경 피로 • 불면 • 여드름 • 벌레 물린 데 • 화상
• 무좀 • 두통, 생리통 • 근육통 • 고혈압 등

피부 관리

라벤더 정유에는 피부 세포를 활성화하는 작용이 있어서, 세안 후에 신경 쓰이는 부분에 바르기만 해도 기미가 옅어지는 효과를 기대할 수 있다. 다만 체질에 따라 다르므로 직접 피부에 바를 때는 특히 주의가 필요하다. 반드시 패치테스트를 한다.

◀ (왼쪽부터) 라벤더 목욕 소금, 양초, 비누

입욕제

고대 로마 시대부터 욕조에 라벤더 꽃을 넣어 향을 즐기는 풍습이 있었다고 한다. 말린 라벤더 꽃을 올이 성긴 주머니에 담아 뜨거운 물에 넣거나, 정유를 몇 방울 떨어뜨려도 효과가 있다. 피부 자극도 순해서 아이들이 목욕할 때도 쓸 수는 있지만, 정유는 유화제 등으로 일반적으로 어른 사용량의 1/2 정도로 희석해서 쓴다.

재배 방법

재배 난이도 :

★★★☆☆

▶ 인테리어 효과도 만점

1 2 3 4 5 6 7 8 9 10 11 12
모종 심기
개화기
수확

주의점

• 약종류가 무려 40종 가까이 된다.
• 씨앗보다 모종부터 심는 편이 키우기 쉽다.
• 고온다습에 취약하므로 통풍이 잘되게 한다.
• 물과 비료는 적게 준다.

공예

다방면으로 도움이 되는 향기의 효과

라벤더 드라이플라워로 만든 방향제는 옷장에 넣으면 살균, 방충 효과가 있다. 머리맡에 두거나 안대로 쓰면 눈의 피로를 풀어주고 높은 이완 효과도 얻을 수 있다. 차에 두면 멀미도 예방된다.

▶ 라벤더 방향제

요리

은은한 향을 더해 만든 쿠키

프랑스에서는 부드러운 꽃향기를 활용해서 요리에 쓰기도 하는데, 향이 진하기 때문에 소량씩 넣어야 한다. 특히 반죽에 넣어 굽는 라벤더 쿠키는 오후의 휴식 시간에 딱 어울리는 간식이다.

▶ 라벤더 쿠키

리코리스
LIQUORICE

"백 가지 독을 없앤다"라고 일컬어지는
한방에서 가장 흔히 쓰이는 약초

▲ 리코리스 잎과 꽃

▲ 리코리스 뿌리.
잘게 부수어 이용한다.

지중해 연안이 원산지인 리코리스는 콩과 감초속의 허브다. 원예 분야에도 '리코리스'라는 명칭이 있는데, 이것은 수선화과(Lycoris) 상사화속 식물을 가리키는 것으로 다른 식물이니 주의해야 한다.

멀게는 고대 그리스 시대부터 의료에 이용되었고, 중국에서 가장 오래된 본초학 서적 《신농본초경》에 생명을 보양하는 양생 약으로 소개되어 한방약에 빈번하게 쓰여 왔다.

뿌리에서 수크로스(Sucrose)의 약 50배나 되는 단맛이 나기 때문에 달콤한 뿌리라는 뜻을 지닌 그리스어에서 유래하여 이름이 붙여졌다. 현재는 다이어트에 좋은 저칼로리 감미료로 수요가 있으며, 유럽이나 미국에서는 리코리스 과자와 리큐어에 많이 사용되어 어른이나 아이 할 것 없이 폭넓게 인기를 얻고 있다.

DATA

학명 Glycyrrhiza glabra
분류 콩과 / 여러해살이풀
국문명 민감초, 서양감초
원산지 지중해 연안
식물 높이 60~90cm
사용 부위 잎, 꽃, 줄기, 뿌리 씨앗
용도 요리, 티, 미용, 약용, 공예 등
효능 완화 작용, 거담, 강장, 배변 촉진, 진정 작용, 항스트레스, 해독 작용 등

요리 🌿 목캔디로 활용

북유럽이나 미국에서는 리코리스 과자를 즐겨 먹는다. 색이나 모양 때문에 꺼려진다면 리코리스 뿌리를 바짝 조려서 감초사탕으로 만들 수 있다.

▲ 젤리 같은 식감의
리코리스 과자

재배 방법 재배 난이도 : ★★★☆☆

· 양지바르고 촉촉하며 기름진 땅에 심는다.
· 용기재배 방식으로 키우면 일본에서도 잘 자란다.

	1	2	3	4	5	6	7	8	9	10	11	12
씨앗 심기												
개화기												
수확												

루
RUE

악령과 역병을 몰아내는
'은혜로운 신의 허브'

▲ 귀여운 노란색 꽃이 핀다.

루타라고도 불리는 루는 특유의 달콤한 향이 있으며, 강력한 살균 효과와 제충 효과로 유명하다. 그래서 중세 유럽에서는 악령을 쫓고 전염병으로부터 몸을 지키는 신성한 식물로 여겨졌고, '허브 오브 그레이스(은혜로운 신의 허브)'라고 칭해졌다. 과거 일본에서는 '운향초'로 불렸으며, 전래 시기는 명확하지 않아서 헤이안 시대라거나 에도 시대 초기, 또는 에도 시대 말기라는 등의 여러 설이 있다.

  예전에는 식용하기도 했으나, 직접 접촉하면 두드러기나 염증이 생기는 등 독성이 판명되어 지금은 주로 관상용으로 이용된다. 또한 루에서 나는 냄새를 고양이가 싫어한다고 해서 정원에 심어 벌레나 고양이를 막는 데도 사용했다.

🌼 탁월한 방충 효과 활용　**공예**

루의 잎이나 꽃을 말리면 향기가 더 짙어진다. 노랗고 귀여운 꽃을 드라이플라워로 만들어 방에 장식해도 좋다. 또한 책 사이에 나뭇잎을 끼워두거나 잔가지를 식품 창고 등에 걸어 두면 방충 효과도 탁월하다.

▲ 말린 루의 줄기와 잎

재배 방법　재배 난이도 : ★★★☆☆

· 줄기와 잎에서 나오는 액체에 닿으면 피부염을 일으킬 수 있다.
· 추위와 건조에 강하고 병충해도 적어서 키우기 쉽다.

	1	2	3	4	5	6	7	8	9	10	11	12
씨앗 심기												
개화기												
수확												

DATA

학명 *Ruta graveolens*
분류 운향과 / 늘푸른 작은떨기나무
국문명 루, 루타
원산지 지중해 연안
식물 높이 50cm~1m
사용 부위 잎, 줄기, 꽃
용도 공예
효능 방충, 구충, 살균 등

루콜라
ROCKET

**클레오파트라도 즐겨 먹었다는,
오랜 세월 사랑받는 허브**

▲ 루콜라 잎

고대 로마 시대부터 지배되었으며, 그 당시에는 최음제 또는 정력 효과가 있다고 여겼다고 한다. 영문명은 로켓(rocket)이지만, 이탈리아 요리와 함께 일본에 전파되었기 때문에 이탈리아 이름인 루콜라가 대중적으로 알려지게 되었다.

참깨 같은 풍미와 독특한 쓴맛을 지녔으며, 보통은 생으로 샐러드에 넣어 먹는다. 또한 피자나 볶음 등으로 가열하여 먹을 수도 있다. 강장 작용이 있다고 알려진 씨앗은 허브티로 마신다.

베타카로틴, 철분, 비타민C 등이 풍부하게 함유되어 상당히 영양가가 높고, 고대 이집트의 클레오파트라도 즐겨 먹었다고 전해진다.

DATA

학명 *Eruca sativa*
분류 십자화과 / 한해살이풀
국문명 로켓샐러드, 로켓
원산지 지중해 연안
식물 높이 20~50cm
사용 부위 잎, 꽃, 줄기
용도 요리, 티 등
효능 건위, 항산화 작용, 피부 미용, 디톡스 효과, 혈전 예방, 항균 등

🌿 샐러드에 최고

떫은맛이 없고 손질할 필요도 없어서, 씻고 잘라 담기만 하면 샐러드가 완성된다. 줄기 부분은 생으로 먹기에 약간 질기지만, 피자나 파스타처럼 따뜻한 요리에 올리면 먹기 좋다.

✦ 요리 ✦

▲ 루콜라와 배, 호두를 넣은 샐러드

✦ 재배 방법 ✦ 재배 난이도 : ★★★★★

· 내한성이 있지만 고온다습한 날씨에 취약하므로 여름에는 주의한다.

· 양지바르고 바람이 잘 통하는 곳에서 키운다.

	1	2	3	4	5	6	7	8	9	10	11	12
씨앗 심기												
개화기												
수확												

루바브
RHUBARB

**상쾌한 신맛이 중독성 있는
잼 만들기 가장 좋은 허브**

▶ 붉은 잎자루가 특징인 루바브

유럽에서는 상당히 대중적인 식재료다. 원산지는 시베리아 남부로 추정되며 기원전 3000년경부터 재배되었다.

식이섬유가 풍부하고 소화를 촉진하는 효과가 있어서 중국에서는 루바브의 근연종을 설사약 등으로 처방했다. 일본에는 메이지 시대에 도입되었으나 그다지 널리 전파되지 못했고, 현재도 나가노를 비롯한 일부 지역에서만 생산되고 있다.

현재 식용으로 재배되는 루바브는 주로 굵은 잎자루 부분을 먹는데 사과와 비슷한 산미와 살구 같은 향이 특징이다. 잼이나 설탕절임으로 많이 만들어진다. 잎에는 독성이 있는 옥살산(Oxalic Acid)이 함유되어 있어서 먹을 수 없다.

❀ 잼으로 만들어 장기 보관 　**요리**

루바브의 뿌리와 잎을 떼어낸 잎자루를 2~3cm 크기로 자른 뒤, 설탕을 넣어 끓이고 마지막에 레몬즙을 넣으면 완성이다. 백포도주나 럼주를 넣으면 어른들 입맛에도 잘 맞는다.

▲ 선명한 분홍색이 예쁜
　루바브 잼

재배 방법　재배 난이도 : ★★☆☆☆

· 햇볕과 물 빠짐이 좋은 장소에
　서 재배한다.
· 과습, 더위, 건조에 약하므로
　조심한다.

	1	2	3	4	5	6	7	8	9	10	11	12
씨앗 심기				▬	▬							
개화기					▬	▬						
수확						▬	▬	▬	▬			

DATA

학명 *Rheum rhabarbarum*
분류 마디풀과 / 여러해살이풀
국문명 식용대황
원산지 시베리아
식물 높이 1~2m
사용 부위 줄기, 뿌리
용도 요리, 티, 미용, 약용, 염료 등
효능 배변 촉진, 항염증, 항균 작용, 수렴 작용 등

레몬그라스
LEMON GRASS

동남아시아 요리에
빼놓을 수 없는
레몬 향 허브

▼ 동남아시아에서는 줄기 부분도
요리에 이용한다.

◀ 말린 레몬그라스 잎

레몬그라스는 억새와 매우 비슷한 볏과의 식물로, 잎에 레몬과 동일한 향기 성분인 시트랄(Citral)을 함유하고 있어서 레몬 같은 풍미가 난다.

　보통은 요리나 허브티에 쓰이며 육류와 생선에 잘 맞는다. 주로 동남아시아 요리나 카리브해 요리 등에 많이 이용된다. 대표적인 태국 음식 똠얌꿍에 꼭 들어가는 향신료로 칠리 페퍼의 매운맛을 눌러주고, 상쾌한 향이 음식의 맛을 돋워준다. 레몬그라스 허브티에는 피로 해소 및 소화 촉진 효과가 있어서 식후에 마시면 좋다.

　잎에서 추출하는 정유에 피부 미용 효과가 있어 화장수의 원료로 쓰이기는 하지만, 피부에 사용할 때는 주의가 필요하다.

DATA
학명 *Cymbopogon citratus*
분류 볏과 / 여러해살이풀
국문명 레몬그라스
원산지 동남아시아
식물 높이 1m~1m80cm
사용 부위 줄기, 잎
용도 요리, 타, 미용·약용, 공예, 염색 등
효능 방충, 살균, 소화 촉진, 혈행 촉진, 냄새 제거 등

허브티
말린 잎도 맛있지만, 생잎이 더 신선한 레몬 향을 즐길 수 있다.

효능
기상 직후나 졸릴 때 마시면 기분이 상쾌해지고, 위의 운동을 자극해서 소화를 촉진하므로 식후에 마셔도 괜찮다.

▲ 겨울에는 따뜻하게 마신다.

재배 방법
재배 난이도 : ★★★☆☆
• 햇볕이 잘 들면서 습하고 따뜻한 환경을 좋아한다.
• 여름에는 잎이 쑥쑥 자라므로 밑동부터 자주자주 잘라 사용한다.

	1 2 3 4 5 6 7 8 9 10 11 12
삽목	
개화기	
수확	

 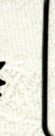

Column 06
허브 식초 & 버터 만드는 방법

허브 식초 만드는 방법

【재료】 각종 허브…… 적당량
식초…… 적당량
각종 향신료…… 적당량

좋아하는 식초에 허브를 담가 만드는 허브 식초는
마리네와 수프, 드레싱으로 활용한다.

추천 허브
- 마늘
- 세이지
- 타라곤
- 타임
- 로젤
- 딜
- 펜넬
- 후추
- 레몬밤
- 바질
- 로즈힙
- 민트
- 로즈메리
- 귤(온주밀감, 진피) 등

1 신선한 허브는 잘 씻어서 키친타월 등으로 물기를 완전히 닦고,
향이 잘 우러나도록 가볍게 비벼 둔다.

2 뜨거운 물로 씻어 소독하고 말린 보관 용기에 허브를 넣고
허브가 완전히 잠길 때까지 식초를 붓는다.

3 뚜껑을 덮고 직사광선이 닿지 않는 장소에
서 1주일 정도 재워 식초에 향이 배게 한
다. 이때 하루에 한 번 용기를 흔들어준다.

4 식초에 허브 향이 우러나면 허브를 꺼내고
거름망 등으로 거르면 완성이다.

5 완성된 허브 식초는 서늘하고 어두운 곳에
서 1개월, 안의 재료를 꺼내면 2~3개월 보
관할 수 있다.

※ 마개가 금속제인 보관 용기는 식초와 반응하여
변색되므로 쓰지 않는다.

허브 버터 만드는 방법

【재료】 각종 허브…… 적당량
버터…… 100g
흑후추…… 적당량
소금…… 적당량

잘게 다진 허브를 섞어 만드는 허브 버터. 고기
요리나 생선 요리의 마무리뿐만 아니라 샌드위
치에도 그만이다.

1 실온에 둔 버터를 부드러워질 때까지 저어준다.

2 허브를 잘게 다진다.

3 1의 부드럽게 반죽한 버터에 잘게 썬 허브를 넣고 잘 섞어준다
(입맛에 따라 소금, 후추를 첨가한다).

4 3을 봉 모양으로 랩에 싸서 냉동실에 넣고 하루 동안 차갑게
굳히면 완성이다.

5 냉장고에서 약 일주일, 냉동실에서는 약 1개월 보관할 수 있다.

추천 허브
- 타임
- 타라곤
- 처빌
- 차이브
- 바질
- 파슬리
- 로즈메리 등

레몬밤(멜리사)
LEMON BALM

**상쾌한 향기에 치유되는
'불로불사의 영약'**

▶ 잎에서 레몬 같은 향이 난다.

레몬과 상당히 비슷한 향을 가진 레몬밤은 매년 여름의 끝 무렵에 꿀이 들어찬 꽃을 피운다. 이 꽃이 꿀벌을 유인하기 때문에 그리스어로 꿀벌이라는 뜻의 '멜리사(Melissa)'라는 별칭이 있다.

레몬밤의 이러한 특성은 고대 로마 시대의 과학자 플리니우스에 의해 발견되었으며, 당시에 중요한 당분 공급원으로써 꿀 채취를 위해 재배되기에 이르렀다. 8~9세기에는 '장수하는 허브'로 신봉되어 유럽으로 퍼져나갔다. 연금술사로도 유명한 르네상스 시기의 스위스 의사 파라켈수스는 심장을 진정시키는 작용이 있는 레몬밤을 '생명의 엘릭시르(불로장생의 영약)'라고 부르며 귀하게 여겼다고 한다.

지금은 재배하기 쉬운 허브의 하나로 허브티를 비롯하여, 생잎은 샐러드나 과자 등에 식용으로 쓰이고 말린 잎은 포푸리로 사용하는 등 다양한 용도로 친숙하게 활용된다. 이밖에 항우울 및 감기 예방 효과까지 주목받고 있다. 한편 레몬밤 정유는 추출률이 매우 낮은 탓에 희귀하고 비싼 제품이 되어 버렸다.

DATA
학명 *Melissa officinalis*
분류 꿀풀과 / 여러해살이풀
국문명 레몬밤
원산지 남유럽
식물 높이 30~80cm
사용 부위 잎, 꽃
용도 요리, 티, 미용, 약용, 공예 등
효능 식욕 증진, 소화 촉진, 강장, 발한 작용, 진통, 항우울, 항염증, 항균 작용 등

✦ 허브티 ✦ 거북하지 않고 부담 없는 맛

레몬밤 차는 "매일 마시면 장수한다"라고 할 정도로 건강 효과에 기대가 모이고 있다. 레몬 향이 특징이며, 신맛은 없고 어렴풋한 단맛을 즐길 수 있다.

🌿 효능

고혈압, 신경성 소화 불량, 두통, 스트레스 등에 효과적이라고 알려졌으며 마음이 울적할 때나 초조한 마음을 진정시키고 싶을 때, 스트레스로 인한 두통이 있을 때 마시면 좋다.

※ 임신 중에는 음용을 피한다.

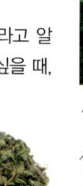

▶ 말린 레몬밤 잎

▲ 레몬밤 허브티

> **RECIPE**
> 레몬밤 생잎(한 줌)을 찻주전자에 넣고 뜨거운 물을 부어 3~5분 기다린다.

✦ 요리 ✦ 요리의 향미제로 안성맞춤

신선한 잎을 잘게 뜯어서 마리네, 디저트에 넣으면 평소와 격이 다른 맛을 즐길 수 있다. 또한 말린 잎은 드레싱과 소스에 첨가하거나, 어패류를 포일에 싸서 구울 때 집어넣기만 해도 상큼한 향이 담백한 어패류 감칠맛을 더욱 끌어올려 준다.

▶ 태국 요리 중 쏨땀, 팟타이 등에 레몬밤의 향미가 제격이다.

◀ 컵케이크 장식으로

✦ 미용 · 건강 ✦

🌿 효능(정유)

- 신체화 장애 · 우울 · 고혈압 · 소화 불량
- 생리 불순, 생리통 · 발열, 두통
- 기관지염 · 구역질 · 항균 작용 등

▶ 레몬밤 정유

🌸 향수

레몬에 달콤한 향이 섞인 듯한 플로랄 계열의 향기를 지닌 레몬밤 정유. 그 달콤한 향을 맡는 것만으로도 흥분이 가라앉고 스트레스가 줄어든다. 상당히 비싸기 때문에 향수로는 소량으로 사용한다

※ 임신 중에는 사용을 피한다.

✦ 재배 방법 ✦

▲ 실내 인테리어로도 추천

재배 난이도 :
★★★★★

	1	2	3	4	5	6	7	8	9	10	11	12
씨앗 심기												
개화기												
수확												

🌿 주의점

- 생육이 빠르서 실내에서도 잘 지라지만, 여름철 건조할 때는 물이 부족하지 않도록 신경 쓴다.

133

장미
ROSE

**시대를 초월하여 끊임없이 사랑받는
우아한 자태와 고상한 향기**

◀ 가장 향기 좋은 장미로
평가받는 다마스크 장미

▲ 오래전부터 약용 및 향수용으로
재배된 로사 갈리카의 한 종류

아시아가 주요 원산지이며, 북반구의 온대지역을 중심으로 약 120종류가 존재한다.
　기원전 1500년경에 이미 재배가 이루어져서 향료나 약으로 이용되었다. 근사한 향기와
아름다운 모습은 당시에도 많은 사람들을 사로잡았으며, 고대 이집트의 여왕 클레오파트
라도 장미를 매우 사랑했다고 전해진다.
　일본에서는 《만엽집》에 장미로 추정되는 묘사가 남아 있고, 《겐지이야기》와 《베갯머리
서책》에도 비슷한 설명이 있다. 우리나라에서는 조건 전기 강희안이 서술한 원예서 《양화
소록》에 "장미를 자태가 아리땁고 아담하다"고 평하였고, 헌종 때 《동국세시기》에는 "봄에
장미꽃을 따다가 떡을 만들어 먹었다"는 기록이 있다. 장미 중에서도 다마스크 장미의 향
이 가장 좋아서 꽃잎에서 추출한 정유는 향수의 원료 및 향
기 요법에 쓰이고, 꽃잎을 증류하여 얻는 장미수는 중동이
나 인도 등에서 디저트의 향료로, 말린 꽃잎은 페르시아 요
리 등에 고명으로 이용되는 등 용도가 다양하다.
　장미 향기에는 정서적인 완화 작용이 있는데, 특히 억울함
이나 서러움 같은 부정적인 감정을 풀어주고 마음을 밝게
끌어 올려주는 효과를 기대할 수 있다. 신경의 긴장과 스트
레스를 가라앉혀서 마음을 편하게 이완시킨다고 알려져 있다.

DATA
학명 *Rosa damascena*
분류 장미과 / 떨기나무, 덩굴성
　떨기나무
국문명 장미
원산지 아시아, 유럽, 북아메리카
식물 높이 10cm~1m
사용 부위 꽃
용도 요리, 티, 미용, 약용, 공예 등
효능 진정 작용, 수렴 작용, 항균,
　항우울, 소염, 강장 작용,
　피부 미용, 혈액 정화 등

┊ 허브티 ┊ 고급스럽고 부드러운 맛

빨간 꽃잎을 주로 쓰는 '로즈 레드'와 분홍 꽃잎을 사용하는 '로즈 핑크'가 있으며, 은은하고 달콤하면서 튀지 않는 맛이 특징이다.

🧪 효능

위장의 피로 및 변비 개선, 호르몬 밸런스 조절 등에 효과적이다. 또한 침울할 때 마시면 기분을 전환 시켜 준다.

RECIPE

말린 장미 꽃잎(1큰술)을 찻주전자에 넣고 2~3분 우린다. 홍차나 로젤(히비스커스)과도 잘 어울려서, 섞어 마셔도 맛있다.

※ 무농약으로 재배된 식용 장미를 사용한다.

▲ 장미차(로즈플라워 허브티)

┊ 공예 ┊ 눈과 코를 사로잡는다

장미 드라이플라워는 인테리어 소재로 인기가 많아서 방 안을 향기롭게 하기에도 안성맞춤이다. 또한 말린 장미 꽃잎과 장미 정유를 밀폐용기에 넣어 숙성시키면 드라이 포푸리가 완성된다. 이것을 욕조에 띄우면 이완 효과 높은 목욕을 즐길 수 있다.

◀ 선물로도 제격인 말린 장미 포푸리

▲ 말린 장미 꽃봉오리

┊ 미용 · 건강 ┊

🧪 효능(정유)

• 우울 • 긴장, 스트레스 • 불안 • 불면증
• 건조한 피부 • 주름 • 월경전증후군
• 생리통 • 생리 불순 • 갱년기 증상 등

◀ 오래전부터 보물처럼
다뤄진 장미 정유

▲ 족욕을 할 때 꽃을 띄우면 눈까지 즐겁다.
※ 입욕제로 쓰는 장미는 무농약 재배된 것을 사용한다.

▼ 장미 비누와 향초도 인기다.

🌸 목욕할 때

비누에 장미 정유를 넣어서 만들면 감미로운 향기가 호르몬 밸런스를 조절하고 스트레스를 줄이는 데 효과가 있다. 말린 장미를 띄운 욕조에 함께 넣어 사용하면 몸도 마음도 재충전된다.

┊ 재배 방법 ┊ 재배 난이도 : ★★★☆☆

▼ 장미 터널

	1	2	3	4	5	6	7	8	9	10	11	12
모종 심기												
개화기												
수확												

🌿 주의점

• 배수가 잘되고 점토질이 포함된 영양 풍부한 땅에 심는다.
• 개하기에는 병충해가 발생하기 쉬우므로 주의한다.

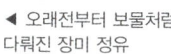

로즈힙
ROSE HIP

**피부 미용 효과에 탁월한
'비타민 폭탄'**

▲ 로즈힙

▲ 개장미 꽃

로즈힙은 장미과 장미속의 열매를 가리키며, 식용으로는 주로 개장미의 열매를 이용한다. 원산지 중 한 곳인 칠레에서는 옛날부터 원주민들이 상처 치료에 이용했으며, 고대 로마 시대의 문헌에도 그 이름이 약으로 기록되어 있다. 또한 중국 한방에서는 왕찔레나무 열매를 금앵자(金櫻子)라고 해서 신장 및 비뇨기계 질환에 복용했다고 한다. 유럽에서는 말린 열매로 만드는 로즈힙 티를 감기약으로 마시는 민간요법이 보편화되어 있다.

비타민C와 B, E를 함유하는 등 영양가가 매우 높아서, 로즈힙의 미용 효과에 주목하고 있다. 열매에서 추출한 기름에는 피부에 필요한 리놀레산, 리놀렌산이라는 성분과 비타민A와 비슷한 작용을 하는 성분이 포함되어 있어서 세포를 활성화하는 작용이 탁월하다. 그래서 건조한 피부나 여드름의 개선은 물론, 미백 효과까지 기대되고 있다. 또한 열매는 잼이나 과자에 자주 사용되며, 특히 로젤(히비스커스)과 혼합한 허브티는 선명한 분홍색으로 눈과 입을 모두 즐겁게 해준다.

DATA
학명 *Rosa canina*(개장미)
분류 장미과
 / 반덩굴성 갈잎떨기나무
국문명 로즈힙
원산지 유럽
식물 높이 1~3m
사용 부위 열매
용도 요리, 티, 미용, 약용, 공예등
효능 강장, 수렴 작용, 이뇨 작용,
배변 촉진, 피부 미용, 항산
화 작용, 진정 작용 등

▶ 로즈힙 잼

🏷️ 요리

🌿 비타민 풍부한 잼
물을 넉넉하게 붓고 로즈힙을 끓인 다음 꿀이나 설탕을 첨가하여 바짝
졸이면 살짝 새콤달콤한 잼이 완성된다. 물 대신 로즈힙 차로 끓이거나
풍미를 위해 와인을 첨가해도 맛있다.

🌿 말려서 보관
말린 로즈힙은 술에 담그면 로즈힙 술, 식초에 담그면 로즈힙 식초가 된
다. 건져낸 열매도 먹을 수 있어서 다양하게 활용할 수 있다.

▲ 빵이나 요구르트와 함께 먹는다.

🏷️ 허브티　여성에게 좋은 허브티

레몬주스를 연하게 희석한 듯한 상큼한 맛이 나며, 풍
부한 미네랄과 비타민이 여성 질환 증상을 완화해준다.

⚗️ 효능
미백, 피부 미용에 효과가 있고 감기 등으로 인한 면역력
저하도 방지해 준다. 또한 피로 해소 및 임신 중의 영양
보충에도 효과적이다.

◀ 로즈힙 티

🌿 그 밖의 활용법
꿀을 첨가하면 신맛이 약해져서 조금
색다른 풍미를 즐길 수 있다.

▶ 말린 로즈힙

RECIPE
말린 로즈힙(1/2~1큰술)을 찻주전자에 넣고 뜨거운
물을 부어 5~10분 우린다. 맛이 연하게 느껴질 때
는 뜨거운 물을 붓기 전에 열매를 으깨거나 추출 시
간을 길게 늘이면 된다.

🏷️ 미용 · 건강

⚗️ 효능(캐리어 오일)
•기미 •주름 •여드름 •화상 •PMS
•건조한 피부 •생리 불순 •갱년기 증상 등

🌿 피부 관리
로즈힙에서 추출한 오일은 피부에 직접 바르는 것이
일반적이다. 세안 후 보습제나 입욕 중 붙이는 팩,
마사지에 사용하면 좋다. 또한 희석용 캐리
어 오일로써 다른 정유와 혼합해서 쓸 수
도 있다. 로즈힙 오일은 쉽게 산화되
므로 보관할 때는 냉장고에 넣
고 빠르게 사용하는 것이 바
람직하다.

▶ 로즈힙 오일

🏷️ 재배 방법

재배 난이도 : ★★★★☆

	1	2	3	4	5	6	7	8	9	10	11	12
씨앗 심기												
개화기												
수확												

🌱 주의점
• 배수가 잘되고 점토질이 포함
된 영양 풍부한 땅에 심는다.
• 개화기에는 병충해가 발생하
기 쉬우므로 주의한다.

▶ 가을에 빨갛게
물든 로즈힙

로즈메리
ROSEMARY

노화 방지에 효과적인
'젊음을 되찾는 허브'

▲ 작고 파란 꽃이 핀다.

▲ 가느다란 바늘 같은 잎이 특징이다.

지중해 연안이 원산지인 허브로, 파랗고 작은 꽃이 마치 물방울처럼 보여서 '바다의 물방울'을 뜻하는 라틴어에서 이름이 유래했다.

고대 이집트 시대의 무덤에서 로즈메리 가지가 발견되는 등 오래전부터 사랑받아 온 허브의 하나다. 고대 그리스 시대에도 신에게 바치는 신성한 식물로 귀한 대접을 받았다.

한편 14세기 헝가리의 엘리자베스 왕비는 로즈메리가 주성분인 헝가리안 워터(로즈메리 화장수)를 사용하여 젊음과 아름다움을 유지한 덕분에, 70세에 폴란드 국왕에게 프러포즈를 받았다는 일화도 전해진다. 이러한 사실을 증명이라도 하듯이, 여전히 '젊음을 되찾는 허브'로 다양한 화장품에 쓰이고 있다. 로즈메리 허브티는 노화 방지 효과뿐만 아니라 콜레스테롤 수치 저하 및 갱년기 증상을 완화하는 효과도 알려졌다.

향이 상쾌한 잎은 양고기를 포함한 각종 고기 요리의 누린내 제거에 많이 쓰인다. 일본 토양에서도 잘 자라 부담 없이 키울 수 있어서 매우 인기가 많다.

DATA
학명 *Rosmarinus officinalis*
분류 꿀풀과/늘푸른작은떨기나무
국문명 로즈메리
원산지 지중해 연안
식물 높이 50cm~1m20cm
사용 부위 잎, 꽃, 줄기
용도 요리, 티, 미용, 약용, 공예 등
효능 항균 작용, 항산화 작용, 냄새 제거, 혈행 촉진 등

🌿 허브티 ▸ 역사 깊은 허브티

스파이시한 향이 특징으로, 말린 잎보다 생잎
이 순하고 마시기 좋다.

🍵 효능

자극적인 향에는 두뇌 활동을 활성화하고 집중
력을 높이는 효과가 있다. 또한 혈행(혈액순환)
을 촉진하는 작용도 해서, 저혈압인 사람이 아
침에 마시면 잠이 잘 깨고 머리가 상쾌해진다.

※ 장기간 연속해서 마시지 않는다.
※ 임신 중이거나 고혈압인 사람은 사용량에 주의한다.

▸ 오렌지를 넣은
로즈메리 티

RECIPE
로즈메리 생잎(5작은술)을 찻
주전자에 넣고 뜨거운 물을
부어 2~3분 기다린다. 고기
와 생선의 누린내와 비린내를 처리할 때 활용하거나, 튀
는 맛이 누그러져서 마시기 편해진다.

🌿 요리 ▸ 고기 요리나 생선 요리에 활용

고기와 생선의 누린내와 비린내를 처리할 때 활용하거나, 다른 향신료와
혼합하여 밑간에 사용해도 맛있다. 또한 감자와도 잘 어울려서 오븐에
구워내면 이탈리아 요리의 대표적인 반찬이 된다.

🌿 허브 오일

로즈메리와 마늘을 일주일 정도 올리브유에 담가 만드는 허
브 오일은 요리의 마무리에 뿌리거나 드레싱으로 제격이다.

▲ 로즈메리 풍미가
향긋한 구운 감자

▲ 로즈메리
허브 오일

왼쪽) 로즈메리를 반죽에 넣은 이탈리아 빵 포카치아
오른쪽) 스테이크에 곁들이면 소고기 특유의 냄새를
잡아준다.

🟩 재배 방법 ▸ 재배 난이도 : ★★★★★

	1	2	3	4	5	6	7	8	9	10	11	12
씨앗 심기												
개화기												
수확												

✂ 주의점

• 햇볕과 물 빠짐이 좋은 장소에 심는다.
• 잎과 가지가 너무 빽빽하면 물러지므로 수
  확을 겸해서 다듬어준다.

◀ 작은 꽃이 핀
로즈메리

🟩 미용 · 건강

▸ 로즈메리 정유

🍵 효능(정유)

• 스트레스 • 졸음 • 피부 탄력 저하 • 부종 • 비듬 • 셀룰라이트
• PMS • 냉증 • 어깨 결림 • 꽃가루 알레르기 등

🌿 목욕할 때

로즈메리는 근육 피로 및 부종을 없애준다. 따뜻한 상태에서
풀어주면 더욱 높은 효과를 발휘하므로, 목욕 소금을 넣은
욕조에 몸을 담그는 방법을 추천한다.

※ 임신 중이나 고혈압, 뇌전증 증상
  이 있는 사람은 사용을 피한다.

◀ 로즈메리 비누

로젤(히비스커스)
ROSELLE

클레오파트라가 즐겨 마신
미용 효과 만점의 허브

▲ 로젤 꽃

▲ 꽃이 시든 뒤 빨갛게 익은 꽃받침.
이것을 말려서 허브티로 만든다.

남국의 꽃을 상징하는 대명사이자 무궁화속 식물의 총칭인 히비스커스는 약 200종이 넘는 품종이 있다. 그중에서도 아프리카가 원산지인 로젤은 열매를 감싸는 두툼한 꽃받침 부분을 먹을 수 있으며, 생으로 먹거나 차, 잼, 술 등으로 다양하게 이용되고 있다.

허브티는 신맛이 아주 강하기는 하지만, 단맛을 첨가하면 최고의 청량음료가 된다. 비타민과 구연산이 많이 들어있고 그에 따른 이뇨 작용 및 신진대사 촉진 효과를 기대할 수 있기 때문에 여성들에게 인기 음료로 자리잡고 있다. 고대 이집트에서는 이미 3000~4000년 전부터 음용되었으며, 클레오파트라도 로젤 티를 마시고 그 미모를 유지했다고 전해진다.

DATA
학명 *Hibiscus sabdariffa*
분류 아욱과 / 한해살이풀
국문명 로젤
원산지 아프리카 북서부
식물 높이 1~3m
사용 부위 꽃, 꽃받침
용도 요리, 티, 미용, 약용, 공예 등
효능 간장 보호, 건위, 이뇨, 해열,
　　피부 미용, 대사 촉진 등

허브티
아름다운 루비색을 띠며, 은은한 신맛이 갈증을 달래 준다. 더운 여름날 차게 마시면 좋다.

효능
신진대사를 원활하게 하고 몸을 알칼리성으로 만들며, 변이 잘 나오게 돕는 한편 칼륨이 많아서 이뇨 작용도 탁월하다.

▲ 아이스 로젤 티

재배 방법　재배 난이도 : ★★★☆☆
• 햇볕이 잘 드는 곳에 심고 성장기에는 물을 충분히 준다.
• 해충이 잘 생기므로 틈틈이 없애준다.

	1 2 3 4 5 6 7 8 9 10 11 12
모종 심기	
개화기	
수확	

월계수
LAUREL

**풍미를 더욱 풍성하게,
국물 요리의 필수 허브**

▲ 월계수 잔가지

월계수는 지중해가 원산지인 큰키나무의 일종으로, 아시아와 유럽 등 세계 각지에 분포하며 그 역사가 매우 오래되었다. 고대 그리스와 로마 시대부터 신화에 등장하는 아폴론 신의 나무로서 신성하게 대접받았으며, 월계수 잔가지로 엮은 월계관은 승리와 영광의 상징으로 경기의 승자나 우수한 인물의 머리 위에 올려졌다.

　일본에 전해진 시기는 메이지 후기로, 러일전쟁 승전을 기념하여 심은 나무가 널리 퍼진 것으로 짐작된다. 일본에서 월계수는 정원수나 울타리로 재배되고 있다.

　말린 월계수 잎은 국물 요리에 향을 낼 때 넣는다. 부케 가르니(허브 묶음)에도　꼭 들어가는 허브다. 방충 효과가 있어서 벌레를 쫓는 데도 쓰인다.

🌿 국물 요리에 풍미를 더한다　🍴 요리

월계수 향은 고기나 생선의 잡내 제거에 매우 효과적이다. 또한 깊은 맛이 나서 딱 한 잎만 넣어도 풍미가 풍성해지고 급이 다른 요리가 완성된다. 국물 요리 외에도 피클이나 유제품에 향을 더하고 싶을 때 넣으면 좋다.

▲ 채소와 소시지 수프에
월계수 한 잎

재배 방법　재배 난이도 : ★★★☆☆

- 겨울철 건조한 바람을 맞지 않게 한다.
- 잎에 벌레가 잘 생기므로 자주 없애준다.

	1	2	3	4	5	6	7	8	9	10	11	12
모종 심기												
개화기												
수확												

DATA

학명 *Laurus Nobilis*
분류 녹나뭇과 / 늘푸른큰키나무
국문명 월계수
원산지 지중해 연안
식물 높이 2~12m
사용 부위 잎, 열매
용도 요리, 티, 미용, 약용, 공예 등
효능 소화 촉진, 항균 작용, 진통,
　　　건위, 방충, 방부 작용 등

향쑥
WORM WOOD

**벌레가 얼씬 못 하는
강렬한 쓴맛 허브**

▶ 잎이 쑥과 비슷하다.

웜우드(worm wood)라는 영문명은 구약성서에 나오는 유토피아 에덴동산에서 추방당한 뱀(웜)이 기어간 자리에 이 풀이 자라났다는 전설에서 유래되었다. 중세 유럽에서는 벼룩이나 모기, 진드기를 막기 위해서 잎을 말려 마룻바닥에 뿌리거나 침대에 깔았다. 일본에서도 에도 시대에 옷 사이에 넣어 방충제로 이용했으며, 현재는 무농약 농법의 수단으로 쓰이기도 한다.

줄기잎과 꽃에서는 특유의 달콤한 향기와 강렬한 쓴맛이 나서 청량음료나 술에 향을 낼 때 많이 사용된다. 특히 녹색의 마법 술로 불리는 리큐어 압생트(Absinthe)와 백포도주에 허브와 향신료를 담가서 만드는 베르무트(Vermouth) 등이 유명하다.

DATA
학명 Artemisia absinthium
분류 국화과 / 여러해살이풀
국문명 향쑥, 쓴쑥
원산지 유럽
식물 높이 40cm~1m
사용 부위 잎, 꽃
용도 티, 미용, 약용, 공예 등
효능 방충, 건위, 강장, 감기 증상 완화, 항염증, 해열, 살균 등

🌿 수제 방충제

공예

우수한 방충 효과를 활용해서 말린 잎을 면 주머니에 담아 의류 보관함이나 옷장에 넣어두기만 하면 간편하게 방충제가 된다. 또한 드라이플라워나 리스로 만들어서 실내에 장식하면 인테리어 효과도 누릴 수 있다.

▶ 말린 향쑥

재배 방법
재배 난이도 : ★★★★★

• 튼튼해서 햇볕이 잘 들면 장소를 가리지 않고 자란다.
• 장마철에 잎이 무성해지면 솎아서 통풍이 잘되게 한다.

	1	2	3	4	5	6	7	8	9	10	11	12
씨앗 심기												
개화기												
수확												

와일드 스트로베리
WILD STRAWBERRY

**사랑과 행운, 기적을 부르는
선물하기 좋은 허브**

◀ 하얗고 귀여운 꽃이 핀다.

▲ 잘 익은 와일드 스트로베리 열매

와일드 스트로베리는 말하자면 야생종 딸기로, 그 종류가 아주 많다. 기원은 석기 시대까지 거슬러 올라가지만, 본격적인 재배는 17세기경에 시작되었고 이것을 최초의 딸기속 식물 재배로 추정하고 있다.

유럽에서는 사랑과 행운을, 미국에서는 기적을 부르는 허브로 알려졌으며, 초여름에 열리는 빨간 열매는 생으로도 먹을 수 있고 잼이나 과실주로 만들어도 맛있다. 비타민과 미네랄이 풍부해서 미용에 좋으며, 소화기계의 기능을 개선하는 효과도 기대할 수 있다.

한편 근연종 식물인 관상용 뱀딸기를 와일드 스트로베리라는 이름으로 판매하기도 하는데, 뱀딸기는 노란 꽃이 피고 열매도 먹을 수 없으니 주의해야 한다.

허브티

말린 잎을 사용하기 때문에 신선한 과일 향보다는 엽차와 비슷한 맛이 난다. 거북한 맛이 없어서 상당히 마시기 편하다.

▶ 와일드 스트로베리 티

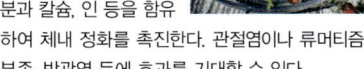

효능

신장 기능을 높이는 철분과 칼슘, 인 등을 함유하여 체내 정화를 촉진한다. 관절염이나 류머티즘, 부종, 방광염 등에 효과를 기대할 수 있다.

재배 방법

재배 난이도 : ★★★★☆

• 햇볕이 좋고, 물 빠짐, 통풍이 좋은 장소에서 키운다.
• 열매 수확 후에 비료를 추가한다.

	1	2	3	4	5	6	7	8	9	10	11	12
씨앗 심기				■	■			■	■			
개화기					■	■						
수확						■	■	■				

DATA

학명 *Fragaria vesca*
분류 장미과 / 여러해살이풀
국문명 야생 딸기, 베스카딸기
원산지 유럽
식물 높이 30~50cm
사용 부위 열매, 잎, 뿌리
용도 요리, 티, 미용, 약용 등
효능 빈혈 예방, 이뇨, 정장 작용, 소염, 간 기능 강화, 수렴 작용 등

고추냉이
WASABI

**살균 작용이 강력한
일본이 자랑하는 허브**

▶ 고추냉이잎과 꽃은 간장 장아찌나
나물로 먹을 수 있다.

◀ 땅속줄기를 쓴다.

고추냉이는 일본이 원산지인 허브다. 맛과 향에는 독특한 자극이 있으며, 주로 뿌리줄기를 갈아서 먹는다. 크게 나누어 물 고추냉이와 밭 고추냉이가 있고, 이 밖에도 해외에서 들어온 귀화식물인 호스래디시(Horseradish, 서양고추냉이)가 있다.

 멀게는 나라 시대(710~794)부터 자생하던 것을 먹었으며, 헤이안 시대에 편찬된 일본에서 가장 오래된 약초 사전에도 기록이 남아 있다. 재배를 시작한 에도 시대(1603~1868)에 초밥과 메밀국수가 대중화되면서 고추냉이도 함께 일본 전역으로 퍼져나갔다. 당시의 백과사전인 《화한삼재도회》에도 "메밀국수 양념에 고추냉이는 필수"라고 기록되어 있어 옛날부터 즐겨 먹었던 것을 미루어 알 수 있다.

DATA
학명 *Wasabia japonica*
분류 십자화과 / 여러해살이풀
국문명 고추냉이
원산지 일본
식물 높이 20~45cm
사용 부위 뿌리, 줄기, 잎 꽃
용도 요리, 약용 등
효능 살균, 항균, 식욕 증진, 소화 촉진, 항암, 온열 작용, 소독 등

코가 찡해지는 독특한 매운맛의 근원은 시니그린(Sinigrin)이라는 성분으로, 고추냉이를 가는 과정에서 산소와 접촉하고 효소와 반응하여 비로소 매운맛을 낸다. 이 매운맛에는 대단히 강력한 살균 및 항균 작용이 있으며, 특히 생선과 함께 먹으면 식중독을 예방하는 효과가 있다. 또한 인체 내에서도 대장균이나 헬리코박터 파일로리균을 억제하는 한편 항암 작용도 기대되어 일본이 자랑하는 허브라고 할 만하다.

왼쪽) 해외에서는 초밥의 인기와 함께 확산되었다.
오른쪽) 메밀국수 고명에 빠지지 않는다.

🍴 요리 🍴 　생고추냉이로 신선한 향을 만끽

간편하게 이용할 수 있는 튜브 타입도 많지만 금방 간 생고추냉이의 풍미도 경험해보자. 시냇물이나 지하수로 키우는 물 고추냉이와 밭에서 키우는 밭 고추냉이가 있는데, 생으로 먹기에는 물 고추냉이가 적합하다. 물에 적신 천으로 감싼 다음 랩으로 말아서 냉장고 야채칸에 두면 한 달은 보관 가능하다.

🌼 양식 소스로 활용
일식 이외에 양식 소스 등에도 넣어서 고추냉이가 들어간 요리의 폭을 넓혀 보자. 마요네즈와 혼합한 고추냉이 풍미의 딥소스나 크림소스는 물론이고, 발사믹 식초에 넣어도 맛있다.

◀ 고추냉이의 매운맛과 향은 휘발성이므로 갈아서 바로 먹는 것이 좋다.

▶ 고추냉이 크림소스를 곁들인 연어 소테

🌼 고추냉이를 맛있게 가는 비결
강판 위에 백설탕을 조금 올려놓고 고추냉이 줄기가 붙은 쪽부터 갈면, 설탕이 고추냉이의 떫은맛을 없애줘서 향과 매운맛이 도드라지고 더욱 맛있어진다.

🌼 잎은 간장 장아찌
고추냉이 잎을 끓는 물에 살짝 데치고 찬물에 담갔다가 꼭 짜서 물기를 제거하고 간장, 술, 맛간장과 함께 병에 담아 절이면 완성이다. 술안주로 제격인 일품 요리다.

🍴 재배 방법 🍴 　재배 난이도 : ★☆☆☆☆

	1	2	3	4	5	6	7	8	9	10	11	12
모종 심기				▬					▬			
개화기					▬▬							
수확				▬▬▬▬▬▬▬▬								

🌼 주의점
· 서늘한 기후에 적합하므로 가정에서 재배하기는 다소 어렵다.

◀ 물 고추냉이 재배 풍경

일람표

명칭	국문명	영문명	일본명	학명	페이지
강황	강황	Turmeric	우콘	*Curcuma longa*	72~73
개박하	개박하, 캣닢	Catnip	이누핫카	*Nepeta cataria*	45
고량강	큰 고량강, 갈랑가, 갈랑갈	Galangal	난쿄	*Alpinia galanga*	39
고수	고수	Coriander	고엔도로, 가메무시소	*Coriandrum sativum*	54~55
고추냉이	고추냉이	Wasabi	와사비	*Wasabia japonica*	144~145
국화	국화	Chrysanthemum	기쿠	*Cananga odorata*	44
귤(온주밀감)	온주밀감	Citrus unshiu	운슈미칸	*Citrus unshiu*	113
금목서	금목서	Fragrant orange— colored olive	긴모쿠세이	*Osmanthus fragrans var. aurantiacus*	46
달맞이꽃	달맞이꽃	Evening primrose	메마쓰요이구사	*Oenothera biennis*	18
당아욱	당아욱	Blue mallow	우스베니아오이	*Malva sylvestris*	101
들깨	들깨	Perilla	에고마	*Perilla frutescens*	21
딜	딜	Dill	이논도	*Anethum graveolens*	84~85
라벤더	라벤더	Lavender	라벤다	*Lavandula angustifolia*	124~125
레몬그라스	레몬그라스	Lemon grass	레몬가야, 레몬소	*Cymbopogon citratus*	130
레몬밤(멜리사)	레몬밤	Lemon balm	세이요야마핫카	*Melissa officinalis*	132~133
로젤(히비스커스)	로젤	Roselle	로제리소	*Hibiscus sabdariffa*	140
로즈메리	로즈메리	Rosemary	만넨로	*Rosmarinus officinalis*	138~139
로즈힙	로즈힙	Rose hip	이누바라	*Rosa canina*	136~137
루	루, 루타	Rue	루	*Ruta graveolens*	127
루바브	식용대황	Rhubarb	쇼쿠요다이오	*Rheum rhabarbarum*	129
루콜라	로켓샐러드, 로켓	Rocket	기바나스즈시로	*Eruca sativa*	128
리코리스	민감초, 서양감초, 스페인감초	Liquorice	스페인칸조	*Glycyrrhiza glabra*	126
마늘	마늘	Garlic	닌니쿠	*Allium sativum*	34
마리골드	마리골드, 만수국, 천수국	Marigold	산쇼기쿠, 코오소, 호소바코오소	*Tagetes*	111
마시멜로	마시멜로	Marsh mallow	우스베니타치아오이	*Althaea officinalis*	105
마저럼	마저럼, 마조람	Marjoram	마요라나	*Origanum majorana*	108~109
만다린 오렌지	만다린	Mandarin orange	만다린	*Citrus reticulata*	112
말리화(아라비아 재스민)	말리화	Arabian jasmine	마쓰리카	*Jasminum sambac*	110

명칭	국문명	영문명	일본명	학명	페이지
머틀	은매화	Myrtle	긴바이카	*Myrtus communis*	106
목향	목향	Elecampane	오오구루마	*Inula helenium*	22
무늬월도	무늬월도	Shell ginger	겟토	*Alpinia zerumbet*	50
물냉이	물냉이, 크레송	Cresson	오란다가라시, 미즈가라시	*Nasturtium officinale*	48
미나리	미나리	Water dropwort	세리, 시로네구사	*Oenanthe javanica*	68
민트	양박하, 녹양박하	Mint	핫카	*Mentha piperita, Mentha spicata*	116~117
바질	바질	Basil	메보우키	*Ocimum basilicum*	90~91
버터플라이피	나비완두콩, 접두화	Butterfly pea	초마메	*Clitoria ternatea*	94
베티베르	베티베르	Vetiver	가스카스가야	*Chrysopogon zizanioides*	102
병풀	병풀	Centella	쓰보쿠사	*Centella asiatica*	82
보리지	보리지	Borage	루리지사	*Borago officinalis*	104
부추	부추	Garlic chives	니라	*Allium tuberosum*	88
사프란	사프란	Saffron	사후란, 야쿠요사후란	*Crocus sativus*	58~59
생강	생강	Ginger	쇼가	*Zingiber officinale*	64~65
서양민들레	서양민들레	Dandelion	세이요탄포포	*Taraxacum officinale*	78
서양쐐기풀	서양쐐기풀	Nettle	세이요이라쿠사	*Urtica dioica*	89
세이보리	세이보리	Savory	기다치핫카(서머)	*Satureja hortensis, Satureja montana*	67
세인트존스워트	서양고추나물	St.John's wort	세이요오토기리소	*Hypericum perforatum*	70
센티드제라늄	센티드제라늄	Scented geranium	기바나스즈시로	*Pelargonium*	69
소엽	소엽	Shiso	시소	*Perilla frutescens*	62~63
수영	수영	Sorrel	스이바, 스칸포	*Rumex acetosa*	71
스테비아	스테비아	Sweetleaf	스테비아	*Stevia rebaudiana*	66
시계꽃	시계꽃	Passion flower	도케이소	*Passiflora incarnata*	96
시나몬	실론 계피나무	Cinnamon	세이론닛케이	*Cinnamomum verum*	61
신선초	신선초, 명일엽, 신립초	Ashitaba	아시타바, 하치조소	*Angelica Keiskei*	10~11
쑥	쑥	Yomogi	요모기	*Artemisia princeps*	122
쑥국화	쑥국화	Tansy	요모기기쿠	*Tanacetum vulgare*	77
아니스	아니스	Anise	세이요우이쿄	*Pimpinella anisum*	12~13

명칭	국문명	영문명	일본명	학명	페이지
아마	아마	Flax	아마	*Linum usitatissimum*	100
아티초크	아티초크	Artichoke	조센아자미	*Cynara scolymus*	9
안젤리카	안젤리카	Angelica	세이요토키	*Angelica archangelica*	17
알로에 베라	알로에 베라	Aloe vara	아로에베라	*Aloe vera*	14~15
야로우	서양톱풀	Yarrow	세이요노코기리소	*Achillea millefolium*	118~119
약모밀	약모밀, 어성초	Fish mint	도쿠다미	*Houttuynia cordata*	86
양하	양하	Myoga	묘가	*Zingiber mioga*	115
에키네시아	자주천인국	Echinacea	무라사키바렌기쿠	*Echinacea purpurea*	20
엘더	서양딱총나무	Elder	세이요니와토코	*sambucus nigra*	24~25
오레가노	오레가노	Oregano	하나핫카	*Origanum vulgare*	30~31
오렌지	광귤나무, 당귤나무	Orange	다이다이, 아마다이다이	*Citrus aurantium, Citrus sinensis*	32~33
올리브나무	올리브나무	Olive	오리브	*Olea europaea*	28~29
와일드 스트로베리	야생 딸기, 베스카딸기	Wild strawberry	에조헤비이치고	*Fragaria vesca*	143
월계수	월계수	Laurel	겟케이주	*Laurus Nobilis*	141
유자나무	유자나무	Yuzu	유즈	*Citrus junos*	121
유칼립투스	유칼립투스	Eucalyptus	유카리노키	*Eucalyptus spp.*	120
일랑일랑	일랑일랑	Ylang–ylang	이란이란노키	*Cananga odorata*	19
잇꽃	잇꽃, 홍화	Safflower	베니바나, 스에쓰무바나	*Carthamus tinctorius*	56~57
장미 허브	장미 허브	Aromaticus	큐반오레가노	*Plectranthus amboinicus*	16
장미	장미	Rose	바라	*Rosa damascena*	134~135
정향	정향나무	Clove	초지, 초코	*Syzygium aromaticum*	49
차이브	골파	Chives	에조네기	*Allium schoenoprasum*	81
처빌	처빌	Chervil	우이쿄제리	*Anthriscus cerefolium*	80
초피나무	초피나무	Japanese pepper	산쇼, 하지카미	*Zanthoxylum piperitum*	60
치커리	치커리	Chicory	기쿠니가나	*Cichorium intybus*	79
카다몬	소두구	Cardamon	쇼즈쿠	*Elettaria cardamomum*	40
카레 잎	카레 잎	Curry leaf	난요잔쇼, 오오바겟키쓰	*Murraya koenigii*	26~27
카렌듈라	금잔화	Calendula	긴센카	*Calendula officinalis*	42~43
카피르 라임	카피르 라임	Kaffir lime	고부미칸	*Citrus hystrix*	35

명칭	국문명	영문명	일본명	학명	페이지
캐모마일	저먼 캐모마일, 로만 캐모마일	Chamomile	가미쓰레, 로마카미쓰레	*Matricaria recutita, Anthemis nobilis*	36~37
커리플랜트	커리플랜트	Curry plant	카레푸란토	*Helichrysum italicum*	41
커먼세이지	커먼세이지	Commong sage	야쿠요사루비아	*Salvia officinalis*	52~53
클라리세이지	클라리세이지	Clary sage	오니사루비아	*Salvia sclarea*	47
타라곤	타라곤	Tarragon	다라곤	*Artemisia dracunculus*	76
타임	선백리향	Thyme	다치자코소	*Thymus* vulgaris	74~75
파드득나물	파드득나물	Japanese honeywort	미쓰바, 미쓰바제리	*Cryptotaenia japonica*	114
파슬리	파슬리	Parsley	오란다제리	*Petroselinum crispum, Petroselinum neapolitanum*	92~93
팔각	팔각	Star anise	도시키미	*Illicium verum*	95
펜넬	회향	Fennel	우이쿄	*Foeniculum vulgare*	98~99
피버퓨	화란국화, 흰꽃여름국화	Feverfew	나쓰시로기쿠	*Tanacetum parthenium*	97
한련화	한련화, 금련화	Nasturtium	긴렌카, 노젠하렌	*Tropaeolum majus*	87
향쑥	향쑥, 쓴쑥	Worm wood	니가요모기	*Artemisia absinthium*	142
홉	홉, 호프	Hop	세이요카라하나소	*Humulus lupulus*	103
후추 / 필발	후추 / 필발	Black pepper / Long pepper	고쇼, 히하쓰	*Piper nigrum, Piper longum*	51

HERB
알면 더 맛있는, 허브 사전

초판 1쇄 발행 2024년 2월 28일

지은이　실업지일본사
옮긴이　이승원
일본어판 감수 이시마 마도카
한국어판 감수 이수경

주간　이동은
책임편집 성스레
편집　김주현
미술　강현희
제작　박장혁 전우석
마케팅　사공성 한은영

발행처　북커스
발행인　정의선
이사　전수현

출판등록 2018년 5월 16일 제406-2018-000054호
주소　서울시 종로구 평창30길 10
전화　02-394-5981~2(편집) 031-955-6980(마케팅)
팩스　031-955-6988

ISBN 979-11-90118-64-4(13590)